Jose Araujo Blanco

La Placa de Petri

Jose Araujo Blanco

La Placa de Petri

Un Viaje a Través del Tiempo y el Espacio Microbiológico

Editorial Académica Española

Imprint

Any brand names and product names mentioned in this book are subject to trademark, brand or patent protection and are trademarks or registered trademarks of their respective holders. The use of brand names, product names, common names, trade names, product descriptions etc. even without a particular marking in this work is in no way to be construed to mean that such names may be regarded as unrestricted in respect of trademark and brand protection legislation and could thus be used by anyone.

Cover image: www.ingimage.com

Publisher:
Editorial Académica Española
is a trademark of
Dodo Books Indian Ocean Ltd. and OmniScriptum S.R.L publishing group

120 High Road, East Finchley, London, N2 9ED, United Kingdom
Str. Armeneasca 28/1, office 1, Chisinau MD-2012, Republic of Moldova, Europe
Printed at: see last page
ISBN: 978-613-9-41110-8

La Placa de Petri

Un Viaje a Través del Tiempo y el Espacio Microbiológico

José Amable Araujo Blanco

Profesor José Amable Araujo

Biólogo egresado de la Universidad del Zulia con Maestría en Microbiología, Abogado egresado de la Universidad Bolivariana de Venezuela, con Maestría en Museología, y Violinista. Ha realizado estancias en diversos países, fue profesor ganador de concurso de la Universidad Francisco de Miranda en el área de microbiología dictando la catedra de microbiología, para Ciencias Ambientales, Restauración de Bienes Muebles Culturales, Enfermería, Medicina Veterinaria y Medicina, fue Jefe de la Unidad de Investigación en Microscopía Electrónica por 8 años adscrita al decanato de Investigación, coordinador del área de microbiología por 10 años, actualmente el catedrático en la Universidad del Magdalena, donde dicta clases de violín y es director del grupo de cuerdas y de la sinfónica de la Universidad del Magdalena, además dicta catedra de Microbiología para estudiantes Biología en el área de Ciencias de la Salud es el catedrático principal de Microbiología en Odontología, dicta cátedras de Biología y Bioquímica, así como también es profesor asociado en la catedra de Microbiología para el programa de Medicina. Posee una amplia trayectoria de mas de 18 años de carrera como docente de Microbiología y sus áreas asociadas.

Tabla de contenido

Dedicatoria

Este libro se lo dedico a Mis Padres quienes siempre han estado pendiente sin vacilar para que pudiera tomar de forma efectiva los conocimientos y habilidades académicas, técnicas, científicas y artísticas que permiten hacerme camino, en la vida. A mi esposa Yarubit Teresa Rojas Montilla, compañera inseparable de tantos sueños, a mis hijas la Doctora María de los Ángeles, María Gabriela y María Auxiliadora, las Amo, también con especial aprecio dedico este libro.

A mi querido Frank.......
Dr. José Francisco Yegres gran Microbiólogo, Micólogo y científico en especial la mejor persona del que he a prendido y sigo aprendiendo.

A todos ellos dedico este libro de interés que de seguro puede llenar un vacío sobre un tema apasionante y que trato de relatar con un lenguaje más íntimo y digerible para con los lectores en general interesados en la ciencia microbiológica.

Capítulo 1: Lo Antiguo

Raíces Microscópicas: Travesía de la Placa de Petri a lo largo del Tiempo

El universo microbiano ese espacio que no se puede ver a simple vista es sin duda un lugar donde es posible descubrir seres que a escala microscópica reinan con influencia incluso en nuestras vidas, conocer este vasto mundo es sin duda una experiencia que solo puede ser explicada por quienes desde la experiencia logran conocer al mundo microbiano. En ese contexto trataremos a la Placa de Petri un invento con mas de 100 años de validez que marcó el inicio, desarrollo y posible futuro de la ciencia microbiológica.

Desde su introducción en el ámbito científico hasta su impacto actual en nuestra comprensión de la microbiología, la Placa de Petri ha sido una herramienta fundamental en el estudio de los microorganismos. Inicialmente, su uso en microbiología revolucionó la observación y el cultivo de microorganismos, gracias a pioneros como Julius Richard Petri y Robert Koch, se sentaron las bases técnicas indispensables que son utilizadas en laboratorios de todo el mundo.

A lo largo del tiempo, la técnica de cultivo en Placa de Petri ha evolucionado desde formas rudimentarias hasta metodologías avanzadas utilizadas hoy en día. Este desarrollo ha mejorado la eficacia y precisión de la investigación microbiológica, transformando nuestra comprensión de la microbiología y permitiendo explorar microorganismos que han existido durante milenios. Además, casos de estudio históricos y descubrimientos clave han demostrado el impacto significativo de la Placa de Petri en el avance de la microbiología. Estos ejemplos ilustran su papel crucial en el desarrollo del conocimiento científico y resaltan su importancia en la comprensión y control de enfermedades, la producción de alimentos y medicamentos, y la preservación del medio ambiente.

Este primer capítulo nos sumergiremos en la rica historia y el potencial innovador de la Placa de Petri, preparándonos para explorar los avances y desafíos futuros en la microbiología moderna.

1.1 Introducción al uso histórico de la Placa de Petri

Imagina un pequeño recipiente transparente que actúa como un mundo en miniatura para los microorganismos: la Placa de Petri. Este ingenioso invento del siglo XIX ha sido como una ventana al invisible al reino de las bacterias, hongos y otros seres diminutos que pueblan nuestro planeta.

"Eine kleine Modification des Koch'schen Plattenverfahrens", 1887.

"Una pequeña modificación del método de placa de Koch", 1887. .... fue el título de la publicación que cambio la forma de ver a la microbiología y la cual se sigue usando en el presente moderno y posiblemente en el futuro.

Piensa en la Placa de Petri como un hogar para estos microorganismos, un lugar donde pueden crecer y multiplicarse bajo condiciones controladas. Es como una ciudad en la que cada microorganismo encuentra un espacio como si fuese su propio vecindario en el medio de cultivo que llena la placa. Siempre he pensado que la placa de Petri es un pequeño universo o un pequeño mundo con actores que juegan un papel que estudiamos para poder comprender las bases microbianas y utilizarlas a favor de la humanidad, de hecho, esta esta vista como un espacio para el análisis sociológico y de interacción social por algunos sociólogos.

Pero, ¿por qué es tan importante esta pequeña placa? Bueno, resulta que nos ha ayudado a entender y combatir enfermedades, a producir alimentos de manera más segura y a proteger nuestro medio ambiente.

Piensa que tienes una muestra de agua y quieres saber si contiene bacterias que podrían enfermarte. Simplemente tomas un poco de esa agua y la extiendes sobre la Placa de Petri. Luego, dejas que las bacterias presentes en el agua se multipliquen y formen colonias visibles. ¡Voilà! Ahora puedes ver si el agua está contaminada y tomar medidas para purificarla.

Si quieres conocer más te presento una lista de Medios de Cultivo Actuales con los que puedes analizar el agua:

Agua Peptonada al 0.1%: Un medio de cultivo líquido comúnmente utilizado para la recuperación de microorganismos presentes en muestras de agua. Su composición simple lo hace adecuado para la recuperación de una amplia variedad de microorganismos, incluidas las enterobacterias.

Caldo Lactosado Bilis Verde Brillante (VRBL): Este medio líquido se emplea para la detección de coliformes totales y coliformes fecales en muestras de agua. La presencia de coliformes da lugar a un cambio de color del medio, lo que facilita su identificación.

Caldo Lactosado Eosina Azul de Metileno (MLEB): Otro medio líquido utilizado para la detección de coliformes totales y coliformes fecales. Al igual que el VRBL, el cambio de color del medio indica la presencia de coliformes.

Caldo Lactosado Tergitol 7 (TBX): Este medio líquido se utiliza para la recuperación de bacterias coliformes y otros microorganismos indicadores de contaminación fecal en muestras de agua.

Caldo Verde Brillante Bilis (GVBB): Un medio líquido utilizado para la detección y confirmación de coliformes fecales en muestras de agua.

Caldo EC (Escherichia coli): Este medio líquido selectivo se emplea para la detección y confirmación de *E. coli* en muestras de agua.

Agar Eosina Azul de Metileno (EMB): Un medio sólido utilizado para la detección y enumeración de coliformes fecales, incluida *E. coli*, en muestras de agua. Las colonias de *E. coli* aparecen de color metálico verde oscuro característico.

Agar Cromocult (CCA): Un medio sólido utilizado para la detección y diferenciación de *coliformes y E. coli* en muestras de agua. Su capacidad para distinguir entre diferentes grupos de bacterias lo hace útil en el análisis microbiológico del agua.

Agar Salmonella-Shigella (SSA): Un medio sólido selectivo utilizado para la detección de *Salmonella y Shigella* en muestras de agua y otros alimentos.

Agar Hektoen Enteric (HE): Un medio sólido selectivo utilizado para la detección y diferenciación de bacterias entéricas patógenas, como *Salmonella y Shigella*, en muestras de agua y alimentos.

Agar Lauryl Sulfate Broth (LSB): Este medio líquido se utiliza para la detección de coliformes totales y coliformes fecales en muestras de agua. La presencia de coliformes produce turbidez en el medio, lo que indica la posible contaminación.

Pero la Placa de Petri no solo nos ayuda a detectar microorganismos, sino que también nos permite estudiarlos de cerca. Podemos observar cómo se comportan, qué los hace crecer y qué los elimina. Esto nos ha permitido desarrollar medicamentos y vacunas para combatir enfermedades causadas por bacterias y otros patógenos.

Además, la Placa de Petri ha sido una herramienta invaluable en la industria alimentaria. Imagina por un momento que trabajas en una fábrica de lácteos y quieres asegurarte de que tus productos estén libres de bacterias dañinas. Con la ayuda de la Placa de Petri, puedes monitorear la calidad de tus productos y garantizar su seguridad.

La Placa de Petri es mucho más que un simple pedazo de plástico o vidrio. Es una herramienta poderosa que nos ha permitido explorar un mundo invisible a simple vista y nos ha ayudado a proteger la salud pública, producir alimentos seguros y preservar nuestro medio ambiente. Así que la próxima vez que veas una Placa de Petri en un laboratorio, recuerda todo lo que representa y el papel crucial que desempeña en la ciencia y en nuestras vidas.

1.2 Aplicaciones tempranas en microbiología y bacteriología

En 1887, cuando Julius Richard Petri creó su placa de Petri, el mundo estaba experimentando un período de importantes avances científicos y tecnológicos. La segunda mitad del siglo XIX fue testigo de una serie de descubrimientos revolucionarios en diversas áreas de la ciencia, incluida la biología y la medicina.

En ese momento, la teoría microbiana de la enfermedad propuesta por Louis Pasteur y Robert Koch estaba ganando reconocimiento. Pasteur había demostrado la conexión entre los microorganismos y la fermentación, mientras que Koch había identificado microorganismos específicos como causantes de enfermedades específicas, sentando así las bases de la bacteriología médica.

El desarrollo de nuevas técnicas de laboratorio también estaba en auge en la década de 1880. Koch había introducido el agar como agente solidificante en los medios de cultivo, lo que permitía el crecimiento de colonias bacterianas en un medio sólido, facilitando su observación y estudio.

En este contexto histórico, Julius Richard Petri creó su placa de Petri como una herramienta innovadora para el cultivo de microorganismos en un entorno controlado y estéril. Su invención simplificó en gran medida el proceso de cultivo bacteriano, permitiendo a los científicos aislar y estudiar microorganismos con mayor facilidad y precisión.

Por lo tanto, la creación de la placa de Petri en 1887 representó un hito importante en la historia de la microbiología y la medicina, ya que proporcionó una herramienta invaluable para el estudio de los microorganismos y su papel en la salud humana y animal.

Se trata pues de un tiempo de partida en la historia de la microbiología, un momento donde la curiosidad humana se encontró con el mundo invisible de los microorganismos. En este viaje, nos encontramos en los albores de la ciencia bacteriológica, un territorio desconocido donde cada descubrimiento era un paso hacia el entendimiento de la vida en su forma más diminuta y misteriosa.

Las aplicaciones tempranas en microbiología y bacteriología nos transportan a un tiempo donde los científicos pioneros exploraban los misterios de lo microscópico con ingenio y determinación. Estas aplicaciones, aunque simples en comparación con las tecnologías modernas, sentaron las bases para nuestra comprensión actual de la vida microbiana y su impacto en el mundo que nos rodea.

Así las primeras aplicaciones de la Placa de Petri emergen como una herramienta novedosa y un instrumento que permitió a los científicos observar y estudiar los microorganismos de manera sistemática y controlada. Con su diseño simple pero ingenioso, la Placa de Petri abrió las puertas a un nuevo mundo de posibilidades en la investigación microbiológica.

De hecho, el origen de la placa de Petri está vinculado a la colaboración entre Julius Richard Petri y su mentor, el eminente microbiólogo Robert Koch. En la efervescente atmósfera de la microbiología del siglo XIX, la innovación de Petri recibió el respaldo y la experiencia de Koch, lo que contribuyó a su rápida adopción y reconocimiento a nivel mundial. Hoy en día, la placa de Petri es un elemento estándar en todos los laboratorios de microbiología, siendo reconocida como una herramienta indispensable.

Nuestro imaginario puede pensar a los pioneros de la microbiología, como Louis Pasteur y Robert Koch, utilizando la Placa de Petri para aislar y cultivar microorganismos en sus laboratorios. Con cada cultivo en una placa, se abrían ventanas a la comprensión de enfermedades, la fermentación de alimentos y la descomposición de la materia orgánica.

El término "placa de Petri" se ha arraigado como un nombre común en el ámbito científico, aunque vale la pena destacar que se sugiere su escritura con mayúscula inicial, en reconocimiento al apellido de su inventor. Además, es importante señalar el uso indebido y descontextualizado de este término, subrayando su correcta aplicación en el contexto adecuado.

Julius Richard Petri, nacido el 31 de mayo de 1852 en Barmen, desempeñó un papel crucial en el desarrollo de esta herramienta fundamental. Estudió medicina en Berlín y trabajó como asistente de laboratorio de Robert Koch, donde pudo aplicar y perfeccionar sus ideas innovadoras.

La placa de Petri, en esencia, es una modificación del método introducido por Koch, que empleaba gelatina para solidificar medios de cultivo líquidos. La técnica de Koch, presentada en el Séptimo Congreso Médico Internacional en Londres en 1881, recibió elogios generalizados y contribuyó significativamente a su adopción global incluso elogiado por el mismo Pasteur. Petri, basándose en este método, introdujo platos dobles planos con una tapa ligeramente más grande, lo que facilitó el manejo y la observación de los cultivos microbianos.

Desde la identificación de patógenos hasta el estudio de la resistencia bacteriana, las aplicaciones tempranas de la Placa de Petri sentaron las bases para avances futuros en la medicina, la agricultura y la industria alimentaria. Estas pequeñas herramientas de vidrio se convirtieron en pilares de la investigación microbiológica, permitiendo a los científicos explorar un universo invisible que influye en nuestras vidas de maneras que apenas comenzamos a comprender.

Las aplicaciones tempranas en microbiología y bacteriología, facilitadas por la Placa de Petri, marcaron el comienzo de una era de descubrimiento y comprensión en el mundo microbiano. Desde su uso en la identificación de patógenos hasta su papel en la investigación básica, estas aplicaciones sentaron las bases para nuestra comprensión actual de la vida microbiana y su impacto en nuestro mundo.

La Placa de Petri ha dejado una huella indeleble en la historia de la microbiología, destacándose como una herramienta esencial durante más de un siglo de investigación científica. Su diseño ha permitido el cultivo y estudio de microorganismos, impulsando avances significativos en diversas ramas de la ciencia.

Desde su invención, la Placa de Petri es una herramienta indispensable en el arsenal del científico, abriendo puertas a un mundo microscópico lleno de secretos y desafíos. Su impacto va más allá de la mera curiosidad científica; ha sido el catalizador de avances monumentales en el campo de la microbiología y la bacteriología, moldeando nuestra comprensión de la salud y la enfermedad en un nivel fundamental.

Así mismo imagina por un momento el mundo antes del descubrimiento del bacilo de la tuberculosis por Robert Koch en 1882. Las enfermedades infecciosas campaban a sus anchas, a menudo sin ser identificadas ni comprendidas. La Placa de Petri posiblemente permitió a Koch aislar y cultivar este patógeno, arrojando luz sobre su naturaleza y abriendo el camino hacia tratamientos eficaces. Este descubrimiento fue una piedra angular en la historia de la medicina, ilustrando el poder transformador de una simple herramienta de vidrio.

Un ejemplo aún más impresionante es el desarrollo de vacunas, como la pionera vacuna contra la viruela creada por Edward Jenner en el siglo XVIII. Jenner, armado con la Placa de Petri y su ingenio, observó que las personas expuestas al virus de la viruela bovina no contraían la viruela humana. Este descubrimiento, respaldado por la capacidad de cultivar y estudiar los microorganismos en las placas de Petri, sentó las bases para la inmunización moderna, salvando innumerables vidas a lo largo de la historia.

Pero la Placa de Petri no solo ha sido un arma en la lucha contra las enfermedades infecciosas; también ha sido una herramienta invaluable en la comprensión y control de epidemias. En 1854, John Snow utilizó la observación de microorganismos en placas de Petri para identificar el *Vibrio cholerae* como el agente causal del cólera, revolucionando nuestra comprensión de cómo se propagan las enfermedades y sentando las bases para medidas de control y prevención efectivas.

El descubrimiento de la penicilina por Alexander Fleming en 1928 es otro hito que ilustra el potencial de la Placa de Petri en el desarrollo de antibióticos. Observando casualmente el crecimiento de moho en una placa, Fleming notó que este moho tenía propiedades antibacterianas. Este hallazgo, posible gracias a la observación detallada de microorganismos en placas de Petri, allanó el camino para una revolución en el tratamiento de enfermedades infecciosas y el aumento de la esperanza de vida en todo el mundo.

Y así podríamos seguir, explorando cómo la Placa de Petri ha sido instrumental en la investigación epidemiológica, el estudio de la fermentación, la genética bacteriana, el desarrollo de técnicas de coloración y la comprensión de la resistencia bacteriana a los antibióticos. Su papel en la investigación en microbiología ambiental también es crucial, permitiendo la identificación y caracterización de microorganismos presentes en muestras de suelo y agua, y arrojando luz sobre los complejos ecosistemas microbianos que nos rodean.

Investigaciones Antiguas desarrolladas a partir de la invención de la Placa de Petri:

Aplicación	Descripción
Descubrimiento de microorganismos patógenos	La Placa de Petri ha sido fundamental en la identificación de microorganismos causantes de enfermedades, como el descubrimiento del bacilo de la tuberculosis por Robert Koch en 1882.
Desarrollo de vacunas	La capacidad de cultivar microorganismos en placas de Petri ha facilitado el desarrollo de vacunas, como la vacuna contra la viruela desarrollada por Edward Jenner en el siglo XVIII.
Control de enfermedades infecciosas	El estudio de microorganismos en placas de Petri ha sido crucial para el control de enfermedades infecciosas, como la identificación del *Vibrio cholerae* como agente causal del cólera en 1854 por John Snow.
Desarrollo de antibióticos	La observación de microorganismos en placas de Petri ha llevado al descubrimiento de antibióticos, como la penicilina por Alexander Fleming en 1928.
Investigación en epidemiología	La capacidad de realizar cultivos bacterianos en placas de Petri ha permitido estudiar la epidemiología de enfermedades

	infecciosas, como el brote de cólera en Londres en 1854 investigado por John Snow.
Estudio de la fermentación	Las placas de Petri han sido utilizadas para estudiar la fermentación, un proceso fundamental en la producción de alimentos y bebidas, como la fermentación láctica en la producción de yogur.
Investigación en genética bacteriana	La observación de bacterias en placas de Petri ha sido crucial para el estudio de la genética bacteriana, como la transferencia de genes entre bacterias estudiada por Joshua Lederberg en la década de 1940.
Desarrollo de técnicas de coloración	La Placa de Petri ha sido utilizada en el desarrollo de técnicas de coloración bacteriana, como la tinción de Gram desarrollada por Hans Christian Gram en 1884.
Estudio de la resistencia bacteriana	Las placas de Petri han sido utilizadas para estudiar la resistencia bacteriana a los antibióticos, como la observación de cepas resistentes de *Staphylococcus aureus* en la década de 1940.
Investigación en microbiología ambiental	La capacidad de cultivar microorganismos en placas de Petri ha sido fundamental para estudiar la microbiología ambiental, como la identificación

1.3 Contribuciones pioneras de Julius Richard Petri y Robert Koch

La Placa de Petri es mucho más que un simple recipiente de vidrio se trata entonces de una ventana al mundo invisible de los microorganismos y una herramienta que ha transformado radicalmente nuestra comprensión de la salud y la enfermedad. Su legado perdurará por generaciones, recordándonos el poder de la observación meticulosa, la curiosidad científica y la perseverancia en la búsqueda del conocimiento.

La publicación original de Julius Richard Petri sobre la placa de Petri, titulada "Eine kleine Modification des Koch'schen Plattenverfahrens" ("Una pequeña modificación del método de placa de Koch"), se enmarca en un contexto histórico y científico particular.

En 1887, cuando Petri publicó su artículo, Alemania estaba experimentando un rápido crecimiento industrial y una expansión en el ámbito científico. La nación se encontraba en un período de cambios significativos, tanto políticos como culturales. Bajo el liderazgo de Otto von Bismarck, el Imperio Alemán había sido establecido recientemente (en 1871) y estaba emergiendo como una potencia industrial y militar en Europa.

En 1887, cuando Julius Richard Petri publicó su artículo sobre la placa de Petri, Alemania estaba bajo el liderazgo del Kaiser Guillermo I como Emperador y Otto von Bismarck como Canciller. Guillermo I fue el primer emperador del Imperio Alemán y su reinado duró hasta su muerte en marzo de 1888. Tras su fallecimiento, su hijo, Federico III, asumió el trono, pero su reinado fue muy breve, pues murió en junio del mismo año. Posteriormente, Guillermo II, el hijo de Federico III, se convirtió en el emperador, continuando con Otto von Bismarck como su canciller por un corto período hasta 1890, cuando Bismarck fue destituido.

El clima político de la Alemania de esa época era de consolidación y fortalecimiento del nuevo imperio, con un énfasis en el progreso industrial y científico. La política de Otto von Bismarck, conocida como "Realpolitik", promovía un entorno de estabilidad y pragmatismo, lo que permitió un notable desarrollo en diversos campos científicos. Este ambiente favoreció innovaciones, ya que el apoyo estatal y la inversión en infraestructura científica y educativa impulsaron el avance de la microbiología y otras ciencias. La estabilidad política y la visión de Bismarck para un estado fuerte y moderno contribuyeron a que Alemania se convirtiera en un centro de investigación científica de primer nivel durante este período.

Para esa época la microbiología estaba en pleno desarrollo. Robert Koch, el mentor de Petri, había ganado renombre por sus descubrimientos sobre las enfermedades infecciosas y sus innovaciones en técnicas de laboratorio. La publicación de Koch en 1882 sobre el descubrimiento del bacilo de la tuberculosis había generado un gran interés en el estudio de los microorganismos y sus roles en la salud y la enfermedad.

La revista en la que Petri publicó su artículo, el "Centralblatt für Bakteriologie und Parasitenkunde" (Revista Central de Bacteriología y Parasitología), era una de las principales publicaciones científicas de la época, que abordaba temas relevantes en microbiología y parasitología. La inclusión del artículo de Petri en esta revista indicaba su importancia y relevancia dentro de la comunidad científica de la época.

La contribución de Petri con su invención de la placa de Petri representó un avance significativo en la microbiología al proporcionar una herramienta simple y efectiva para el cultivo y estudio de microorganismos. Su publicación en 1887 marcó el inicio de una nueva era en la investigación microbiológica y sentó las bases para futuros avances en el campo.

Esta colaboración entre Petri y Koch fue crucial para el avance de la esta joven ciencia -La microbiología-. Juntos, exploraron nuevas técnicas de cultivo que cambiarían para siempre la forma en que se estudian los microorganismos. Recrea en tu mente el laboratorio de Koch en el Kaiserliches Gesundheitsamt en la Alemania del siglo XIX: un ambiente vibrante de descubrimiento donde las mentes brillantes se sumergían en la búsqueda de soluciones innovadoras para los desafíos científicos de la época.

Petri ideó la placa de Petri en 1887 mientras trabajaba en el laboratorio de Koch, como una solución innovadora para cultivar bacterias de manera eficiente. Su diseño simple pero efectivo consistía en un recipiente poco profundo con una tapa que permitía el crecimiento de microorganismos en un medio de cultivo sólido. Esta invención facilitó enormemente el estudio de microorganismos al proporcionar un entorno controlado para su crecimiento y observación.

En medio de ese ambiente de efervescencia científica, Petri tuvo la inspiración para su invento revolucionario. Al darse cuenta de las limitaciones de los métodos de cultivo existentes, diseñó una solución elegante y práctica: *la Placa de Petri.*

Aunque Koch ya había desarrollado técnicas para el cultivo de bacterias en medios sólidos antes de la invención de Petri, la placa de Petri representó una mejora significativa en términos de practicidad y eficacia. Koch reconoció la importancia de esta innovación y apoyó la difusión y adopción generalizada de la placa de Petri en la comunidad científica.

La relación entre Petri y Koch fue profesional y colaborativa, con Petri sirviendo como asistente de laboratorio y contribuyendo con ideas creativas que llevaron al desarrollo de la placa de Petri. Aunque no hay evidencia de conflictos significativos entre ellos, la historia sugiere que Koch a veces no otorgaba el crédito adecuado a sus colaboradores, lo que podría haber influido en la percepción del trabajo de Petri en relación con la placa de Petri.

La placa de Petri no solo simplificó el proceso de cultivo, sino que también abrió nuevas puertas en la investigación microbiológica. Con esta herramienta, los científicos pudieron estudiar la morfología, el crecimiento y el comportamiento de una amplia gama de microorganismos de manera más detallada y precisa.

La influencia de la placa de Petri se extendió mucho más allá del laboratorio de Koch. Con el tiempo, se convirtió en una herramienta indispensable en laboratorios de microbiología de todo el mundo, utilizada para una variedad de propósitos, desde el diagnóstico de enfermedades infecciosas hasta la investigación de nuevos medicamentos y tratamientos. Hoy en día, la placa de Petri sigue siendo una parte esencial del arsenal de herramientas de cualquier microbiólogo, una prueba tangible del impacto duradero de la colaboración entre Petri y Koch en el mundo de la ciencia.

La colaboración entre Petri y Koch fue crucial para el avance de la microbiología. Juntos, exploraron nuevas técnicas de cultivo que cambiarían para siempre la forma en que se estudian los microorganismos. Imagina el laboratorio de Koch en el *Kaiserliches*

Gesundheitsamt en la Alemania del siglo XIX, "Oficina Imperial de Salud". Esta institución fue creada para abordar cuestiones relacionadas con la salud pública en el imperio. Su objetivo principal era supervisar y promover medidas de salud pública, incluida la prevención de enfermedades, la higiene y la investigación médica. Un ambiente vibrante de descubrimiento donde las mentes brillantes se sumergían en la búsqueda de soluciones innovadoras para los desafíos científicos de la época.

Julius Richard Petri (1852-1921) fue un médico militar y bacteriólogo alemán cuyas contribuciones revolucionaron el campo de la microbiología. Nacido el 31 de mayo de 1852 en Barmen, Alemania, Petri recibió su formación médica en la Haiser Wilhelm Akademie für Medizin entre 1871 y 1875, donde desarrolló un interés particular en las ciencias médicas y microbiológicas. Posteriormente, se desempeñó como médico asistente en la Charité de Berlín y fue asignado al Kaiserliches Gesundheitsamt, donde trabajó junto a Robert Koch entre 1877 y 1879.

Durante su tiempo en el Kaiserliches Gesundheitsamt, Petri participó en la renovación de técnicas microbiológicas en desarrollo. Introdujo innovaciones como el diseño de nuevos recipientes y contenedores para recoger muestras, así como el uso de filtros de arena. Sin embargo, su contribución más notable fue la creación de la placa de Petri, una herramienta esencial en el cultivo de microorganismos.

La placa de Petri no solo simplificó el proceso de cultivo, sino que también abrió nuevas puertas en la investigación microbiológica. Con esta herramienta, los científicos pudieron estudiar la morfología, el crecimiento y el comportamiento de una amplia gama de microorganismos de manera más detallada y precisa. Piensa a la placa de Petri como un jardín en miniatura para bacterias y hongos, donde los científicos pueden cultivar y observar estos diminutos seres vivos. Petri diseñó esta herramienta como un medio para brindar a los microbiólogos un entorno controlado donde los microorganismos pudieran crecer y multiplicarse en un medio de cultivo sólido. Esta innovación no solo simplificó el proceso de cultivo, sino que también permitió estudiar los microorganismos de manera más detallada.

Además de su trabajo en microbiología, Petri también se desempeñó como conservador del Museo de Higiene en Berlín y ocupó varios cargos en el campo de la salud pública y la higiene. Se retiró como *Geheimer Regierungsrat* en 1900 y falleció en Zeitz, Alemania, el 20 de diciembre de 1921.

A lo largo de su carrera, Petri publicó numerosos trabajos sobre microbiología, higiene y técnicas de laboratorio, incluyendo su famoso artículo "Eine kleine Modifikation der Koch'schen Plattenverfahrens" (Una pequeña modificación del método de placa de Koch), donde presentó su invención al mundo científico.

La influencia de la placa de Petri se extendió mucho más allá del laboratorio de Koch. Con el tiempo, se convirtió en una herramienta indispensable en laboratorios de microbiología de todo el mundo, utilizada para una variedad de propósitos, desde el diagnóstico de enfermedades infecciosas hasta la investigación de nuevos medicamentos y tratamientos. Hoy en día, la placa de Petri sigue siendo una parte esencial del arsenal de herramientas de cualquier microbiólogo, una prueba tangible del impacto duradero de la colaboración entre Petri y Koch en el mundo de la ciencia.

1.4 Desarrollo y evolución de la técnica de cultivo en Placa de Petri

La placa de Petri ha proporcionado durante sus inicios un espacio propicio para el crecimiento y desarrollo de los microorganismos diversos han sido los avances para el estudio de los microorganismos, sin embargo, con ello también se han desarrollado diversas técnicas que incluyen en principio a los medios de cultivo.

Estos a su vez son fundamentales en la microbiología, ya que proporcionan a los microorganismos los nutrientes necesarios para su crecimiento y desarrollo. Para entender su importancia, imaginemos un jardín: así como las plantas necesitan tierra fértil, agua y nutrientes para crecer, los microorganismos requieren un medio adecuado que les proporcione carbono, oxígeno, nitrógeno, fósforo, azufre y otros elementos esenciales.

De hecho, los clasificamos en dos grandes grupos los Macronutrientes que son en general, las siglas "CHONPSK", que se utiliza como una regla mnemotécnica muy útil para recordar los elementos químicos más comunes presentes en los medios de cultivo. Cada letra representa uno de los elementos esenciales:

C: Carbono

H: Hidrógeno

O: Oxígeno

N: Nitrógeno

P: Fósforo

S: Azufre

K: Potasio

Los microorganismos son seres vivos que necesitan una combinación específica de nutrientes para crecer y reproducirse. Estos nutrientes proporcionan energía y elementos químicos que son fundamentales para la síntesis de las moléculas celulares. Al analizar la composición de las células, encontramos que los componentes principales son el carbono, el oxígeno, el nitrógeno, el fósforo y el azufre.

Para comprender mejor la importancia de estos elementos, consideremos sus proporciones en las células. El carbono, por ejemplo, constituye aproximadamente el 50% del peso seco de las células. Es el componente principal de las moléculas orgánicas, incluyendo carbohidratos, lípidos, proteínas y ácidos nucleicos. El oxígeno representa alrededor del 32% del peso seco y es esencial para la respiración celular y otras reacciones metabólicas.

El nitrógeno constituye aproximadamente el 14% del peso seco y es un componente crítico de aminoácidos, ácidos nucleicos y otras moléculas celulares. El fósforo, presente en aproximadamente un 3%, es necesario para la síntesis de ATP, ácidos nucleicos y fosfolípidos. El azufre, aunque se encuentra en proporciones mucho menores (alrededor del 1%), es esencial para la estructura de algunos aminoácidos y vitaminas.

Cuando diseñamos medios de cultivo para microorganismos, debemos proporcionar estos elementos en formas asimilables. Por ejemplo, los heterótrofos requieren carbono en forma de compuestos orgánicos, como carbohidratos y proteínas, mientras que los autótrofos pueden utilizar dióxido de carbono. El nitrógeno puede ser suministrado en forma de amonio (NH_4), nitrato (NO_3^-) o nitrito (NO_2^-), o a través de aminoácidos. El fósforo se agrega en forma de fosfato (PO_4^{3-}) y el azufre puede provenir de aminoácidos sulfurados o sulfato (SO_4^{2-}).

En ciertos casos, es necesario añadir al medio de cultivo aminoácidos o vitaminas adicionales para satisfacer las necesidades específicas de ciertos microorganismos que no pueden sintetizar estos compuestos por sí mismos. Esto garantiza que los microorganismos tengan acceso a todos los nutrientes necesarios para su crecimiento óptimo.

Estos elementos son fundamentales para el crecimiento y la reproducción de los microorganismos. Por ejemplo, el carbono y el hidrógeno son componentes básicos de las moléculas orgánicas, como los carbohidratos, lípidos y proteínas. El oxígeno es esencial para la respiración celular y la generación de energía. El nitrógeno se encuentra en aminoácidos, ácidos nucleicos y otras moléculas importantes para la estructura y función celular. El fósforo y el azufre son necesarios para la síntesis de moléculas como el ATP y los aminoácidos sulfurados.

Los microelementos, también conocidos como oligoelementos, son elementos químicos que son esenciales para el crecimiento de los microorganismos, aunque solo se requieren en cantidades muy pequeñas. Estos elementos son vitales para varias funciones celulares y procesos metabólicos.

Algunos ejemplos de microelementos importantes en los medios de cultivo incluyen:

Hierro (Fe): Esencial para la síntesis de proteínas y la respiración celular en muchos microorganismos. La falta de hierro puede limitar el crecimiento bacteriano.

Magnesio (Mg): Importante para la estabilidad de la membrana celular y la función de numerosas enzimas.

Zinc (Zn): Necesario para la actividad enzimática y la síntesis de proteínas. Manganeso (Mn): Participa en reacciones enzimáticas y es necesario para la síntesis de ácidos nucleicos.

Cobre (Cu): Importante para la síntesis de pigmentos y enzimas respiratorias.

Molibdeno (Mo): Se requiere para la fijación de nitrógeno en ciertas bacterias.

Cobalto (Co): Esencial para la síntesis de la vitamina B12 en bacterias.

Níquel (Ni): Presente en ciertas enzimas importantes para la fijación de nitrógeno.

Ejemplo de elementos especiales necesarios para hacer crecer microorganismos en medios de cultivo:

Microorganismo	Medio de Cultivo	Microelemento Presente en el Medio de Cultivo
Escherichia coli	EMB (Eosina Azul de Metileno)	Contiene **lactosa y sales biliares** que inhiben el crecimiento de bacterias gram-positivas, permitiendo el crecimiento de *E. coli*.
Clostridium perfringens	TSC (Sulfito-Citrato-Tioglicolato)	Contiene **sulfato y citrato**, actuando como agentes selectivos que inhiben el crecimiento de otros microorganismos. Permite el crecimiento de C. perfringens.
Mycobacterium tuberculosis	Löwenstein-Jensen	Contiene **malachite green y sales nutritivas** que promueven el crecimiento selectivo de *M. tuberculosis* mientras inhiben el crecimiento de otros microorganismos.
Staphylococcus aureus	Mannitol Salt Agar (MSA)	**Alta concentración de sal**, inhibiendo el crecimiento de la mayoría de los microorganismos, excepto *S. aureus*.
Salmonella	XLD (Xilosa-Lisina-Desoxicolato)	Contiene **xilosa, lisina y desoxicolato**, ayudando a diferenciar entre diferentes especies de *Salmonella* y suprimiendo el crecimiento de otras bacterias coliformes.
Candida albicans	Sabouraud Dextrosa Agar (SDA)	Contiene dextrosa y peptona, proporcionando los nutrientes necesarios para el crecimiento de *C. albicans* mientras inhibe el crecimiento de bacterias.
Pseudomonas aeruginosa	Medio cetrimida	Contiene **cetrimida,** un agente selectivo que inhibe el crecimiento de otras bacterias gram-positivas, permitiendo el crecimiento de *P. aeruginosa*.
Bacillus cereus	MYP (Mannitol Yolk Polymyxin)	Contiene **polimixina**, inhibiendo el crecimiento de bacterias gram-negativas y permitiendo el crecimiento selectivo de *B. cereus*.

Vibrio cholerae	TCBS (Tiosulfato-Citrato-Bile-Sacarosa)	Contiene sacarosa **y sales biliares**, permitiendo el crecimiento selectivo de *V. cholerae* mientras inhibe el crecimiento de otros microorganismos.
Listeria monocytogenes	PALCAM (Polimixina-Acriflavina-Litio-Ceftazidima-Aesculina-Manitol)	Contiene una combinación de **antibióticos** y agentes selectivos, permitiendo el crecimiento selectivo de L. monocytogenes mientras inhibe el crecimiento de otros microorganismos.

Estos microelementos son necesarios en cantidades muy pequeñas en comparación con los macronutrientes como el carbono, el nitrógeno y el fósforo, pero son igualmente críticos para el crecimiento y la supervivencia de los microorganismos. En los medios de cultivo, estos elementos se suministran en forma de sales inorgánicas o como componentes de otros compuestos químicos necesarios para el crecimiento celular. Sin estos microelementos, los microorganismos pueden experimentar deficiencias que afectan su capacidad para proliferar y realizar funciones metabólicas esenciales.

En un principio los medios utilizados para los cultivos de microorganismos eran líquidos, posterior a ello se utilizó rodajas de papa, luego gelatina y por último agar. Actualmente los medios de cultivo son solidificados con agar-agar, una sustancia gelatinosa derivada de algas marinas, lo que proporciona una superficie para el crecimiento de colonias bacterianas.

Lista de Empresas que producen Agar Microbiológico de interés para Medios de cultivo en Placa de Petri:

Empresa	País	Producto	Código del Producto
Becton, Dickinson and Company	Estados Unidos	Difco™ Agar	214530
Thermo Fisher Scientific	Estados Unidos	Oxoid™ Agar	BR0016B
Merck	Alemania	Merck Agar	1.01688.0500
Bio-Rad Laboratories	Estados Unidos	Bio-Rad Agar	1660102
Neogen Corporation	Estados Unidos	Neogen Agar	7137
VWR International	Estados Unidos	VWR Agar	90001-810
Quelab	Canadá	Quelab Agar	QAA100
Carl Roth GmbH + Co. KG	Alemania	Carl Roth Agar	6774.1
Hardy Diagnostics	Estados Unidos	Hardy Diagnostics Agar	G40
Sigma-Aldrich, ahora parte de Merck	Estados Unidos	Sigma-Aldrich Agar	5039
Shanghai Yuanye Bio-Technology Co., Ltd.	China	Yuanye Agar	-
Qingdao Hope Bio-Technology Co., Ltd.	China	Hope Agar	-
Biokar Diagnostics	Francia	Biokar Agar	-
Tianjin New Sun Biochem Co., Ltd.	China	New Sun Agar	-
BioMaxima S.A.	Polonia	BioMaxima Agar	-
Guangdong Huankai Microbial Sci. & Tech. Co., Ltd.	China	Huankai Agar	-
AES CHEMUNEX	Francia	CHEMUNEX Agar	-
Biomérieux	Francia	Biomérieux Agar	-
Hangzhou Uniwise International Co., Ltd.	China	Uniwise Agar	-

| Guangdong Huankai Microbial Sci. & Tech. Co., Ltd. | China | Huankai Agar | - |

Imagina el agar como el andamiaje de una construcción, proporcionando una estructura sólida sobre la cual los microorganismos pueden construir sus comunidades. Al igual que la gelatina que solidifica un postre, el agar en los medios de cultivo proporciona una base firme para que las colonias bacterianas crezcan y se desarrollen.

Este proceso de solidificación del medio de cultivo con agar fue desarrollado por Fanny Hesse, esposa de Walther Hesse, en colaboración con el renombrado microbiólogo Robert Koch a finales del siglo XIX. Hesse sugirió el uso de agar, una sustancia gelatinosa derivada de algas marinas, como alternativa al gel de gelatina utilizado anteriormente en los medios de cultivo. Esta innovación fue revolucionaria ya que permitió un mejor crecimiento y observación de microorganismos en los laboratorios.

El agar actúa como una especie de andamio molecular, proporcionando una estructura tridimensional en la cual los microorganismos pueden adherirse y proliferar. Esta sustancia es ideal para el cultivo de bacterias y hongos debido a su capacidad para solidificarse a temperatura ambiente y su resistencia a la degradación por parte de las enzimas microbianas.

La solidez del agar en el medio de cultivo permite a los científicos observar con claridad las colonias bacterianas y realizar diversas pruebas y análisis microbiológicos. Además, su naturaleza inerte y su capacidad para retener la humedad lo convierten en el material ideal para el cultivo de una amplia variedad de microorganismos en condiciones de laboratorio.

Es así, que el agar en los medios de cultivo funciona como el cimiento sobre el cual se construye la comprensión científica de los microorganismos. Su capacidad para solidificarse proporciona una plataforma estable para el crecimiento bacteriano, permitiendo a los investigadores explorar y descubrir el fascinante mundo de la microbiología.

Cuando algunos microorganismos tienen necesidades específicas, como la adición de ciertos aminoácidos o vitaminas, los científicos calculan cuidadosamente las cantidades para mantener el equilibrio general del medio de cultivo.

Los aminoácidos son componentes fundamentales de las proteínas, que a su vez desempeñan un papel crucial en la estructura y función de las células microbianas. La inclusión de aminoácidos en los medios de cultivo es vital para proporcionar a los microorganismos las materias primas necesarias para sintetizar proteínas y llevar a cabo una variedad de procesos metabólicos esenciales para su crecimiento y supervivencia. Aquí hay algunas razones por las cuales los aminoácidos son importantes para algunos microorganismos en los medios de cultivo:

Síntesis de proteínas: Los aminoácidos son los bloques de construcción básicos de las proteínas. Cada microorganismo necesita una variedad de proteínas para funciones vitales como el metabolismo, la replicación del ADN, la síntesis de ARN, el transporte de nutrientes y la defensa contra el estrés ambiental. Sin los aminoácidos adecuados en el medio de cultivo, los microorganismos no pueden sintetizar estas proteínas esenciales, lo que limita su capacidad de crecimiento y supervivencia.

Crecimiento celular: Los aminoácidos son necesarios para el crecimiento y la proliferación celular. Actúan como sustratos para la síntesis de nuevas proteínas y ácidos nucleicos, que son cruciales para la división celular y la expansión de la población microbiana.

Adaptación al medio ambiente: Algunos aminoácidos tienen funciones específicas en la adaptación de los microorganismos a su entorno. Por ejemplo, la cisteína y la metionina son fuentes de azufre que pueden ser importantes para la resistencia al estrés oxidativo y la formación de enlaces disulfuro en proteínas estructurales. Otros aminoácidos, como la prolina, pueden actuar como osmolitos y proteger a las células contra la desecación y otras formas de estrés osmótico.

Interacciones microbianas: En algunos casos, los aminoácidos pueden afectar las interacciones entre microorganismos en un entorno determinado. Por ejemplo, la disponibilidad de ciertos aminoácidos puede influir en la competencia entre diferentes especies por los recursos del medio ambiente, lo que puede tener consecuencias importantes para la estructura y la dinámica de las comunidades microbianas.

Tabla de algunos aminoácidos necesarios específicos para el crecimiento de microorganismos:

Microorganismo	Aminoácido necesario	Función en el medio de cultivo
Clostridium spp.	Cisteína	Fuente de azufre para la síntesis de proteínas y coenzimas
Bacillus spp.	Prolina	Precursor de la síntesis de proteínas y agente osmoprotector
Lactobacillus spp.	Prolina	Precursor de la síntesis de proteínas y agente osmoprotector
Streptococcus spp.	Arginina	Producción de energía y precursor de la síntesis de poliaminas
Lactobacillus spp.	Glicina	Precursor de la síntesis de proteínas y agente osmoprotector
Escherichia coli	Tirosina	Fuente de carbono y nitrógeno, y precursor de la síntesis de proteínas
Pseudomonas aeruginosa	Tirosina	Fuente de carbono y nitrógeno, y precursor de la síntesis de proteínas
Salmonella spp.	Metionina	Fuente de azufre para la síntesis de cisteína y otras biomoléculas
Proteus spp.	Metionina	Fuente de azufre para la síntesis de cisteína y otras biomoléculas
Haemophilus influenzae	Histidina	Necesaria para el crecimiento de cepas que no pueden sintetizarla
Bordetella pertussis	Histidina	Necesaria para el crecimiento de cepas que no pueden sintetizarla
Clostridium spp.	Triptófano	Precursor de la síntesis de proteínas y metabolitos secundarios

| *Staphylococcus spp.* | Triptófano | Precursor de la síntesis de proteínas y metabolitos secundarios |

Los microorganismos exigentes son aquellos que tienen necesidades específicas para su crecimiento y supervivencia en los medios de cultivo. Entre estas necesidades se encuentran los aminoácidos, componentes esenciales para la síntesis de proteínas y otros procesos celulares vitales. Estos microorganismos, como *Corynebacterium diphtheriae*, *Neisseria gonorrhoeae*, *Yersinia enterocolitica*, *Neisseria meningitidis y Listeria monocytogenes*, requieren aminoácidos como metionina, lisina, valina, arginina y tirosina, respectivamente, para su desarrollo adecuado en el laboratorio. La inclusión de estos aminoácidos en los medios de cultivo específicos permite el crecimiento selectivo y la posterior identificación de estos patógenos, lo que resulta fundamental en el estudio y diagnóstico de enfermedades infecciosas.

Tabla de Algunos microorganismos que necesitan aminoácidos específicos para microorganismos exigentes:

Aminoácido	Nombre del medio de cultivo	Microorganismo	Explicación
Metionina	Medio de Löffler	*Corynebacterium diphtheriae*	*Corynebacterium diphtheriae*, el agente causal de la difteria, requiere metionina para la síntesis de proteínas. El medio de Löffler, que contiene metionina, es utilizado para su cultivo selectivo.
Lisina	Medio de Mueller-Hinton	*Neisseria gonorrhoeae*	*Neisseria gonorrhoeae*, el agente causal de la gonorrea, necesita lisina para su crecimiento. El medio de Mueller-Hinton, que contiene lisina, es utilizado para su aislamiento y cultivo.

			Yersinia enterocolitica, una bacteria patógena asociada con infecciones intestinales, requiere valina para su crecimiento. El medio CIN, que contiene valina, es utilizado para su cultivo y aislamiento selectivo.
Valina	Medio de Cefsulodina-Irgasan-Novobiocina (CIN)	*Yersinia enterocolitica*	
Arginina	Medio de Thayer-Martin	*Neisseria meningitidis*	*Neisseria meningitidis*, un importante patógeno causante de meningitis y septicemia, necesita arginina para su metabolismo. El medio de Thayer-Martin, que contiene arginina, es utilizado para su aislamiento y cultivo selectivo.
Tirosina	Medio de Listeria Selectivo Agar	*Listeria monocytogenes*	*Listeria monocytogenes*, un patógeno transmitido por los alimentos, requiere tirosina para su crecimiento. El medio de Listeria Selectivo Agar, que contiene tirosina, es utilizado para su cultivo selectivo y detección en muestras alimentarias.

Las vitaminas son compuestos orgánicos esenciales que desempeñan funciones críticas en el metabolismo y el crecimiento celular de los microorganismos. Aunque los microorganismos tienen la capacidad de sintetizar muchas vitaminas por sí mismos, algunos no pueden producir ciertas vitaminas o las sintetizan en cantidades insuficientes para satisfacer sus necesidades nutricionales. Por lo tanto, estas vitaminas deben ser proporcionadas en los medios de cultivo para asegurar un crecimiento óptimo de los microorganismos. Aquí hay algunas vitaminas comunes necesarias en los medios de cultivo microbiológicos:

Biotina (Vitamina B7): La biotina es esencial para la síntesis de ácidos grasos y el metabolismo de los carbohidratos y las proteínas. Se necesita para la síntesis de coenzimas que participan en numerosas reacciones metabólicas. Muchos microorganismos requieren biotina en sus medios de cultivo, ya que no pueden sintetizarla en cantidades suficientes.

Ácido pantoténico (Vitamina B5): El ácido pantoténico es un componente crucial de la coenzima A, que desempeña un papel fundamental en el metabolismo de lípidos, carbohidratos y proteínas. Se necesita para la síntesis de ácidos grasos y la transferencia de grupos acilo en numerosas reacciones bioquímicas.

Niacina (Vitamina B3): La niacina es importante para el metabolismo energético y la síntesis de NAD y NADP, coenzimas que participan en la transferencia de electrones en las reacciones redox. Es esencial para muchas vías metabólicas, incluida la glucólisis y la respiración celular.

Riboflavina (Vitamina B2): La riboflavina es un componente de las coenzimas FMN (mononucleótido de flavina) y FAD (dinucleótido de flavina), que participan en el transporte de electrones y la producción de energía en la cadena respiratoria y la cadena de transporte de electrones.

Tiamina (Vitamina B1): La tiamina es necesaria para la síntesis de coenzimas involucradas en el metabolismo de carbohidratos, especialmente en la descarboxilación oxidativa del piruvato en el ciclo de Krebs.

Ácido fólico (Vitamina B9): El ácido fólico es esencial para la síntesis de ácidos nucleicos (ADN y ARN) y es crucial para el crecimiento celular y la división.

Vitamina B12 (Cobalamina): La vitamina B12 es necesaria para el metabolismo de los aminoácidos y los ácidos nucleicos. Es esencial para el crecimiento celular y la síntesis de ácidos nucleicos.

Vitamina K: La vitamina K es importante para la síntesis de proteínas involucradas en la coagulación sanguínea y en la activación de ciertas proteínas relacionadas con el metabolismo de los microorganismos.

La inclusión de estas vitaminas en los medios de cultivo microbiológicos garantiza que los microorganismos tengan acceso a los cofactores necesarios para su crecimiento y metabolismo adecuados. Esto es especialmente importante en entornos de laboratorio donde los microorganismos pueden estar limitados en términos de fuentes de nutrientes.

Tabla de algunos medios a los que se les adiciona Vitamina para hacer crecer microorganismos exigentes:

Medio de Cultivo	Vitamina	Microorganismo	Razón de la Necesidad
Agar Sangre	NAD	*Haemophilus influenzae*	*Haemophilus influenzae* necesita NAD para su crecimiento, ya que no puede sintetizar esta vitamina por sí mismo. El NAD es importante para muchas reacciones metabólicas en el microorganismo.
Medio Tetratiónico	Ácido Fólico	*Streptococcus pneumoniae*	*Streptococcus pneumoniae* requiere ácido fólico para la síntesis de ADN y ARN. El medio tetratiónico proporciona ácido fólico para el crecimiento de esta bacteria.
Medio Tinsdale	Vitamina B12	*Corynebacterium diphtheriae*	*Corynebacterium diphtheriae* necesita vitamina B12 para su metabolismo. El medio Tinsdale proporciona esta vitamina para permitir el crecimiento selectivo de esta bacteria.
Medio de Löwenstein-Jensen	Biotina	*Mycobacterium tuberculosis*	*Mycobacterium tuberculosis* requiere biotina para su crecimiento y metabolismo. El medio de Löwenstein-Jensen contiene biotina para favorecer el crecimiento de esta bacteria.
Agar Sabouraud	Tiamina	*Candida albicans*	*Candida albicans* necesita tiamina para su metabolismo energético. El agar Sabouraud enriquecido con tiamina proporciona las condiciones adecuadas para el crecimiento de este hongo

En el vasto mundo de la microbiología, donde la vida se despliega en escalas diminutas y los misterios de la existencia se revelan a través del microscopio, los medios de cultivo son herramientas esenciales que nos permiten explorar y comprender los secretos de los microorganismos.

Imagina la placa de Petri como un lienzo en blanco donde los microbios, como artistas invisibles, pintan su propio paisaje. Pero, ¿qué tipo de pintura utilizan? ¿Y cómo afecta esto su obra?

Vamos a adentrarnos en dos categorías de medios de cultivo: los definidos y los complejos.

Los Medios Definidos o Simples son medios donde se conocen todos los elementos que los constituyen así mismo tanto en cantidad como en cualidad es decir se conocen todos los componentes uno a uno y también las cantidades medidas en unidades estándar bien sea en gramos, miligramos u otra unidad de interés. En un medio de este tipo es posible identificar en sus etiquetas todos los componentes sin formas ambiguas y con la formula da cada uno de sus componentes.

En el mundo de los medios de cultivo definidos, la precisión es la clave. Cada componente, desde la glucosa hasta los aminoácidos y las vitaminas, se dosifica con una exactitud quirúrgica. Es como seguir una receta de cocina con meticulosidad científica. ¿Por qué tanta precisión? Porque en la ciencia, el control es la piedra angular. Imagina que estás preparando un experimento para estudiar cómo crecen ciertas bacterias en diferentes condiciones. Si quieres asegurarte de que los resultados sean consistentes y reproducibles, necesitas estar seguro de que cada célula bacteriana tiene acceso a los mismos nutrientes en cada repetición del experimento.

Piensa en un jardinero meticuloso que mide con precisión la cantidad exacta de agua y fertilizante para cada planta. Esto garantiza que cada una tenga las mismas oportunidades de crecer y florecer. De manera similar, en el mundo de la microbiología, los medios de cultivo definidos actúan como nutrición controlada para los microorganismos, permitiendo a los científicos estudiar su comportamiento con confianza.

Ejemplos:

Glucosa: como una fuente de energía para los microbios, es como darles un dulce para que trabajen.

Sales minerales: son como los bloques de construcción esenciales para las células microbianas, proporcionando los elementos necesarios para su crecimiento y funcionamiento.

Aminoácidos y vitaminas: son como las vitaminas y los suplementos nutricionales para los microorganismos, asegurando que tengan todo lo que necesitan para prosperar.

Medios Complejos o Indefinidos estos medios contienen diversos elementos de los cuales alguno o varios se desconocen la formula y cantidad exacta de estos, ya que pueden ser de componentes tan complejos son indefinidos por naturaleza, por ejemplo, en un medio con extracto de carne ¿es posible conocer todos los componentes de la carne? Como es enorme esta complejidad entonces es indefinida y los medios, aunque se conocen que son útiles para el crecimiento de los microorganismos pasan a un nivel donde algunos componentes son indefinidos.

Miremos una forma de explicar lo anterior, ahora, cambiemos el foco hacia los medios de cultivo complejos. Imagina una receta ancestral transmitida de generación en generación, donde los ingredientes secretos son guardados celosamente por cada cocinero. Estos medios están compuestos de una mezcla de extractos de materiales complejos, como extracto de levadura o extracto de carne. Lo interesante aquí es que no conocemos todos los componentes en juego. Es como entrar en un bosque misterioso donde las criaturas desconocidas acechan en cada sombra.

¿Por qué optar por esta incertidumbre? Bueno, en la naturaleza, la vida es compleja y diversa. Algunos microorganismos son tan exigentes que necesitan una amplia variedad de nutrientes para prosperar, y aquí es donde entran en juego los medios complejos. Es como ofrecer un buffet variado en lugar de un plato único. Esto asegura que los microorganismos tengan acceso a una gama de nutrientes, lo que puede ser crucial para su crecimiento y desarrollo.

Ejemplos:

Extracto de levadura o carne: proporcionan una variedad de nutrientes, como carbohidratos, proteínas, vitaminas y minerales, creando un entorno rico y complejo para los microorganismos.

Peptona: un derivado de proteínas hidrolizadas, que proporciona una fuente de aminoácidos y péptidos, esencial para el crecimiento celular.

Extracto de soja o malta: añade una variedad de nutrientes adicionales, ampliando aún más el espectro de sustancias disponibles para los microorganismos.

La elección entre medios de cultivo definidos y complejos es como decidir entre una receta precisa y conocida versus una receta secreta y compleja transmitida a través de generaciones. Ambos tienen sus propias ventajas y aplicaciones, dependiendo de las necesidades del experimento y las características de los microorganismos en estudio. Sin embargo, lo que queda claro es que, ya sea que estemos explorando la precisión del laboratorio o la complejidad del ecosistema, los medios de cultivo son las herramientas fundamentales que nos permiten desentrañar los misterios del mundo microbiano.

Preparar medios de cultivo para placas de Petri es como emprender un viaje culinario histórico, donde cada paso es crucial para cultivar y observar microorganismos en el laboratorio. Siguiendo una receta meticulosa, cada ingrediente se agrega en la cantidad precisa, evocando el espíritu de los antiguos alquimistas que buscaban la fórmula perfecta para transformar materiales simples en algo extraordinario.

Al igual que en un viaje gastronómico, existen dos tipos de medios de cultivo principales: los definidos y los complejos. Los primeros, como recetas antiguas transmitidas de generación en generación, tienen una composición química precisa y conocida. Mientras tanto, los medios complejos son como las exóticas mezclas de ingredientes de un chef renombrado, con extractos de materiales complejos que dan una gama de nutrientes y sabores.

Los medios sólidos como los cimientos de una antigua fortaleza, solidificados con agar, una sustancia gelatinosa derivada de algas marinas. Este agar, como la pasta de cemento en manos de un albañil, proporciona una base firme sobre la cual los microorganismos pueden construir sus colonias, asegurando su crecimiento y desarrollo.

La idea de usar agar en los medios de cultivo surgió en un momento histórico, cuando Fanny Hesse, inspirada quizás por los alquimistas de antaño, colaboró con el renombrado microbiólogo Robert Koch para desarrollar una innovación revolucionaria. Su propuesta de utilizar agar como alternativa al gel de gelatina anteriormente empleado abrió nuevas puertas en la ciencia de la microbiología, permitiendo un mejor estudio y observación de los microorganismos en los laboratorios.

El agar, entonces, se convierte en el héroe de esta historia, actuando como un andamio molecular que sostiene y nutre a los microorganismos en su viaje de crecimiento y descubrimiento. Su capacidad para solidificarse a temperatura ambiente y resistir la degradación por enzimas microbianas lo convierte en un aliado invaluable en la exploración del mundo invisible que habita en nuestras placas de Petri.

La solidez del agar en el medio de cultivo permite a los científicos observar con claridad las colonias bacterianas y realizar diversas pruebas y análisis microbiológicos. Además, su naturaleza inerte y su capacidad para retener la humedad lo convierten en el material ideal para el cultivo de una amplia variedad de microorganismos en condiciones de laboratorio.

Es así como el agar en los medios de cultivo funciona como el cimiento sobre el cual se construye la comprensión científica de los microorganismos. Su capacidad para solidificarse proporciona una plataforma estable para el crecimiento bacteriano, permitiendo a los investigadores explorar y descubrir el fascinante mundo de la microbiología.

Según su función, los medios de cultivo pueden clasificarse como generales, selectivos, diferenciales o de enriquecimiento. Los medios generales proporcionan los nutrientes básicos para el crecimiento de una amplia variedad de microorganismos. Por otro lado, los medios selectivos favorecen el crecimiento de ciertos microorganismos al tiempo que inhiben el de otros. Imagina una competencia en la que solo algunos participantes pueden avanzar. Los medios diferenciales permiten identificar diferentes tipos de microorganismos en función de características específicas, como la capacidad para fermentar ciertos azúcares o producir ciertos pigmentos. Por último, los medios de enriquecimiento están diseñados para aislar un tipo particular de microorganismo de una mezcla compleja, proporcionando condiciones óptimas para su crecimiento mientras limitan el crecimiento de otros.

Un ejemplo común de medio de cultivo selectivo es el agar MacConkey, que contiene cristal violeta y sales biliares para inhibir el crecimiento de bacterias gram-positivas y fomentar el crecimiento de bacterias gram-negativas, como *Escherichia coli*. Este medio también es diferencial, ya que permite identificar bacterias que fermentan lactosa produciendo colonias de color rosado.

En la placa de Petri, los medios de cultivo pueden variar según el tipo de microorganismo que se esté cultivando y el propósito del experimento. Aquí hay una descripción de algunos tipos comunes de medios de cultivo utilizados en las placas de Petri:

El medio de cultivo general: Consiste en una mezcla de extracto de carne, extracto de levadura, peptona y agar. Proporciona los nutrientes necesarios para el crecimiento de una amplia variedad de microorganismos y se utiliza comúnmente para propósitos generales, como la observación de la morfología de las colonias bacterianas.

El medio de cultivo selectivo: Este tipo de medio de cultivo está diseñado para favorecer el crecimiento de ciertos microorganismos mientras inhibe el crecimiento de otros. Por ejemplo, el agar MacConkey se utiliza para aislar y distinguir bacterias entéricas gramnegativas, como *Escherichia coli*, mientras inhibe el crecimiento de bacterias grampositivas. Esto se logra mediante la adición de cristal violeta y sales biliares al medio.

El medio de cultivo diferencial: Similar al agar selectivo, el agar diferencial permite distinguir entre diferentes tipos de microorganismos según características específicas. Por ejemplo, el agar sangre se utiliza para identificar bacterias que son hemolíticas (destruyen los glóbulos rojos) y las que no lo son. Las colonias hemolíticas producen zonas de hemólisis alrededor de ellas, lo que las hace fácilmente identificables.

El medio de cultivo enriquecido: Este tipo de medio de cultivo está enriquecido con nutrientes adicionales para favorecer el crecimiento de microorganismos exigentes o fastidiosos. Por ejemplo, el agar sangre enriquecido se utiliza para el cultivo de microorganismos que requieren nutrientes adicionales, como algunas especies de *Streptococcus*.

El medio de cultivo diferencial y selectivo: Algunos medios de cultivo combinan características de selectividad y diferenciación. Por ejemplo, el agar EMB (eosina azul de metileno) se utiliza para el aislamiento selectivo de bacterias gramnegativas entéricas y la diferenciación de aquellas que fermentan lactosa.

El medio de cultivo cromogénico: Este tipo de medio de cultivo contiene sustratos cromogénicos que permiten la detección visual de microorganismos específicos. Por ejemplo, el agar CHROMagar™ se utiliza para la identificación rápida y diferencial de especies de bacterias, como *Escherichia coli, Salmonella spp., y Enterococcus spp.*, mediante la producción de colonias de diferentes colores.

El medio de cultivo anaeróbico: Algunas placas de Petri están diseñadas para cultivar microorganismos que crecen mejor en ausencia de oxígeno. Estas placas pueden contener un agente reductor, como tioglicolato, que elimina el oxígeno del medio y crea un entorno anaeróbico.

El medio de cultivo de transporte: Se utiliza para mantener la viabilidad de los microorganismos durante el transporte desde el lugar de muestreo hasta el laboratorio. Este tipo de agar generalmente contiene ingredientes que evitan el crecimiento excesivo de microorganismos durante el transporte.

El medio de cultivo de identificación: Este tipo de medio de cultivo se utiliza para identificar microorganismos desconocidos mediante pruebas bioquímicas o serológicas. Puede contener sustratos específicos y reactivos para detectar actividades enzimáticas o reacciones metabólicas características de ciertos microorganismos.

El medio de cultivo antifúngico: Se utiliza para el cultivo selectivo de bacterias al inhibir el crecimiento de hongos y levaduras. Este agar puede contener agentes antifúngicos, como el cloranfenicol o el cicloheximida, que suprimen el crecimiento de microorganismos no deseados.

Estos son solo algunos ejemplos de los tipos de medios de cultivo que se utilizan en las placas de Petri. Cada tipo de medio tiene su propia composición y propósito específico, lo que permite a los microbiólogos seleccionar el medio más adecuado para sus experimentos según el microorganismo que deseen cultivar y los objetivos de su investigación.

Los medios de cultivo son como el suelo fértil en el que crecen las plantas, proporcionando a los microorganismos los nutrientes necesarios para su desarrollo. Su diversidad y adaptabilidad los hacen herramientas esenciales en la investigación microbiológica, permitiendo estudiar y comprender mejor el mundo invisible que nos rodea.

A menudo les explico a mis alumnos que cuando hacemos crecer una placa de Petri debemos estar pendientes de los tiempos de incubación ya que los microorganismos son como invitados a un banquete en el que hay un festín de comida donde los microorganismos se alimentan en el caso de las bacterias si pasan las 24h para ver su crecimiento este el tiempo adecuado para los microorganismos puedan crecer y ver su características culturales en la placa de Petri y es en ese momento cuando es posible identificarlos con precisión, sin embargo un descuido dejar pasar otro o más días desafiará la posibilidad de que estos microorganismos acaben con el festín y se alimenten a tal grado que creces en proporciones de 2^n creciendo y a tal grado que llenan la placa y no es posible identificarlos con precisión o reconocer al menos sus características culturales por exceso de crecimiento o porque su cuantía es tal que son incontables, claro un ojo entrenado posiblemente podrá reconocer muchas de estas características pero para fines de entrenamiento didáctico, enseñanza, y comprobación científica es muy importante que se tomen las previsiones para observar adecuadamente a los microorganismos. Y si bien las bacterias crecen alrededor de las 24 horas los hongos pueden ser visualizados en un periodo entre 3 a 5 días donde es posible identificar sus características culturales. Todo esto nos lleva reconocer como estos microorganismos toman toda gran cantidad de nutrientes a tal grado que aumenta la población con respecto a la cantidad de nutrientes presentes.

1.5 Impacto en la comprensión de la microbiología antigua

La invención y el uso de la placa de Petri han tenido un impacto revolucionario en la comprensión y el desarrollo de la microbiología. Para apreciar completamente su importancia, imagina un mundo antes de su existencia. Los científicos enfrentaban el desafío de estudiar microorganismos, criaturas invisibles a simple vista que, sin embargo, podían causar enfermedades devastadoras y transformar ecosistemas. Sin una herramienta adecuada para aislar y observar estos microorganismos, sus estudios eran como tratar de entender la naturaleza de los peces observando un lago lleno de barro.

La placa de Petri, inventada por Julius Richard Petri en 1887, cambió radicalmente esta situación. Petri, este bacteriólogo alemán que trabajaba como asistente de Robert Koch, uno de los padres de la microbiología, introdujo este simple pero ingenioso recipiente: un plato cilíndrico de vidrio con una tapa ajustada. Esta herramienta permitió a los científicos cultivar microorganismos en un medio sólido, lo que transformó su capacidad para observar y estudiar estos organismos con precisión.

La placa de Petri permitió el aislamiento de colonias individuales de microorganismos, algo esencial para la identificación y estudio de bacterias y hongos específicos. Antes de esto, los métodos de cultivo eran imprecisos y frecuentemente contaminados. Imagine intentar estudiar una sola flor en un campo densamente poblado sin poder acercarse ni tocarla. La placa de Petri permitió a los científicos aislar colonias individuales de microorganismos, algo esencial para la identificación y estudio de bacterias y hongos específicos. Esto fue como tener un jardín bien organizado donde cada planta crece en su propia parcela, permitiendo observar sus características sin interferencias.

Por ejemplo, la capacidad de cultivar una sola especie de microorganismo en una placa de Petri permitió a los científicos estudiar sus características y comportamientos sin interferencias. Esto fue fundamental para identificar patógenos específicos responsables de enfermedades, como la tuberculosis y el cólera, y condujo a un mejor diagnóstico y tratamiento. La placa de Petri jugó un papel fundamental en la formulación y verificación de los postulados de Koch. Estos postulados, desarrollados por Robert Koch, establecen criterios para demostrar que un microorganismo específico causa una enfermedad específica. Imagine tener que probar que una chispa específica de un incendio forestal fue la causa del fuego que destruyó un bosque entero. La placa de Petri permitió aislar y cultivar bacterias en medios sólidos, demostrando la relación causal entre microorganismos y enfermedades con la misma precisión con la que un detective podría rastrear la causa de un incendio hasta su origen.

El uso de la placa de Petri permitió a los científicos observar y describir la morfología de las colonias bacterianas con gran detalle. Diferentes bacterias formaban colonias con características distintivas, como formas, tamaños, colores y texturas específicas. Esto es comparable a un jardinero que aprende a identificar plantas no solo por sus flores, sino también por sus hojas, tallos y patrones de crecimiento. Estas observaciones fueron fundamentales para la taxonomía microbiana y para la identificación de microorganismos patógenos. Por ejemplo, la bacteria *Staphylococcus aureus* forma colonias doradas y redondeadas, mientras que *Escherichia coli* produce colonias grises y planas. Estas diferencias morfológicas son cruciales para los microbiólogos en la identificación y estudio de bacterias.

La placa de Petri facilitó el desarrollo y uso de diversos medios de cultivo. Uno de los avances más importantes fue la introducción del agar como agente solidificante. Recrea tratar de hacer crecer plantas en un suelo que constantemente se derrumba y no mantiene su forma. El agar, derivado de algas, proporcionaba una superficie sólida y estable que no se licuaba a temperaturas bajas, mejorando significativamente el manejo y la observación de cultivos microbianos. Con la capacidad de cultivar bacterias en placas de Petri, los científicos pudieron realizar experimentos controlados sobre la patogénesis, virulencia y resistencia a antibióticos de diferentes bacterias. Esto es similar a cómo un médico puede estudiar el comportamiento de un virus aislado en una muestra de sangre para desarrollar un tratamiento específico. Esta capacidad facilitó el desarrollo de vacunas y tratamientos para diversas enfermedades infecciosas, mejorando la salud pública global. Por ejemplo, la identificación y el estudio del *Mycobacterium tuberculosis* en placas de Petri condujeron al desarrollo de antibióticos eficaces para tratar la tuberculosis, una enfermedad que había causado millones de muertes en todo el mundo.

La placa de Petri permitió la estandarización de técnicas microbiológicas, mejorando la reproducibilidad de los experimentos. Esto es crucial para la validación científica. Imagine un chef que puede replicar exactamente la misma receta en diferentes cocinas alrededor del mundo. Los resultados obtenidos en un laboratorio podían ser replicados en otros, estableciendo la microbiología como una disciplina científica rigurosa. Por ejemplo, la capacidad de replicar experimentos microbiológicos en diferentes laboratorios permitió a los científicos confirmar descubrimientos y avanzar en el conocimiento científico de manera colaborativa y coherente.

La simplicidad y eficacia de la placa de Petri la convirtieron en una herramienta educativa esencial. Facilitó la enseñanza de técnicas microbiológicas básicas, como el cultivo, aislamiento y observación de bacterias. Esto es comparable a enseñar a jóvenes cocineros los fundamentos de la cocina antes de pasar a platos más complejos. Este enfoque práctico fomentó el desarrollo de habilidades en estudiantes y profesionales, consolidando la microbiología como un campo de estudio fundamental.

La capacidad de identificar y estudiar patógenos específicos gracias a la placa de Petri tuvo un impacto directo en la medicina y la salud pública. Permitió el desarrollo de mejores métodos diagnósticos, tratamientos más efectivos y estrategias de prevención de enfermedades infecciosas. Esto contribuyó a la reducción de la mortalidad y morbilidad asociadas a enfermedades infecciosas, mejorando la calidad de vida a nivel global.

1.6 Casos de estudio históricos y descubrimientos clave

La placa de Petri ha sido fundamental en una serie de descubrimientos históricos que han moldeado la microbiología moderna. A continuación, se presentan algunos de los casos de estudio más destacados y los descubrimientos clave que fueron posibles gracias al uso de esta herramienta.

Robert Koch, conocido por formular los postulados de Koch, utilizó placas de Petri para aislar y cultivar *Mycobacterium tuberculosis*, el agente causal de la tuberculosis, en 1882. Al utilizar medios sólidos en las placas de Petri, Koch pudo observar las características específicas de las colonias bacterianas y realizar pruebas que demostraron que esta bacteria era la responsable de la enfermedad. Este descubrimiento no solo confirmó la teoría germinal de las enfermedades, sino que también condujo al desarrollo de estrategias efectivas de diagnóstico y tratamiento, salvando innumerables vidas.

En 1928, Alexander Fleming realizó uno de los descubrimientos más famosos de la microbiología gracias a la placa de Petri. Mientras

investigaba *Staphylococcus aureus*, Fleming notó que una de sus placas de Petri había sido contaminada por moho y que alrededor del moho había una zona libre de bacterias. Esta observación llevó al descubrimiento de la penicilina, el primer antibiótico, que revolucionó la medicina al ofrecer una herramienta efectiva contra infecciones bacterianas. Sin la capacidad de observar estas interacciones en un medio sólido, este hallazgo podría haber pasado desapercibido.

En la década de 1980, Barry Marshall y Robin Warren utilizaron placas de Petri para cultivar y aislar *Helicobacter pylori*, una bacteria implicada en la mayoría de las úlceras pépticas y en algunos tipos de gastritis. Antes de este descubrimiento, se creía que las úlceras eran causadas principalmente por el estrés y la dieta. El uso de placas de Petri permitió a Marshall y Warren aislar la bacteria y demostrar su papel en la enfermedad, lo que llevó al desarrollo de tratamientos antibióticos específicos. Este descubrimiento les valió el Premio Nobel de Medicina en 2005.

La placa de Petri ha sido instrumental en estudios sobre la resistencia a los antibióticos. Por ejemplo, en las décadas de 1940 y 1950, Joshua Lederberg utilizó placas de Petri para estudiar la recombinación genética en bacterias y la transferencia de resistencia a antibióticos. Su trabajo demostró cómo las bacterias podían intercambiar genes de resistencia, proporcionando una comprensión fundamental de los mecanismos detrás de la resistencia antibiótica. Estos estudios han sido cruciales para desarrollar estrategias para combatir la resistencia a los antibióticos, un problema de salud pública cada vez más grave.

La placa de Petri también ha sido esencial en el desarrollo de técnicas de cultivo celular que han tenido un impacto profundo en la biología celular y la medicina. Por ejemplo, las células HeLa, una de las líneas celulares más utilizadas en investigación científica, fueron cultivadas por primera vez en placas de Petri en la década de 1950. Estas células han permitido avances significativos en el estudio del cáncer, la virología, la genética y la farmacología. Las técnicas de cultivo celular desarrolladas en placas de Petri han facilitado la investigación básica y aplicada en una amplia gama de disciplinas biomédicas.

Estudios fundamentales sobre la división celular en bacterias también fueron posibles gracias al uso de placas de Petri. El descubrimiento y la comprensión de la fisión binaria, el proceso por el cual las bacterias se dividen para reproducirse, se lograron observando colonias bacterianas en placas de Petri. Esta comprensión ha sido crucial para estudios de crecimiento bacteriano, dinámica poblacional y patogénesis.

62

La placa de Petri ha sido una herramienta indispensable en la microbiología, permitiendo descubrimientos que han transformado nuestra comprensión de las bacterias y su papel en la salud y la enfermedad. Desde la identificación de patógenos específicos hasta el desarrollo de antibióticos y estudios sobre la resistencia bacteriana, los avances realizados con la ayuda de la placa de Petri han tenido un impacto profundo y duradero en la ciencia y la medicina.

Capítulo 2: Lo Moderno

Visión Microbiológica: La Placa de Petri en la Era Contemporánea

En las vitrinas de muchos laboratorios alrededor del mundo, podemos encontrar una gran cantidad de placas redondas apiladas en grandes anaqueles, a menudo inutilizadas. Algunas permanecen sin uso debido a la abundancia de suministros, mientras que, en ciertos colegios y universidades, estas herramientas esenciales no reciben el uso adecuado. Recuerdo claramente que cuando llegué a la universidad, esta situación se repetía en varios laboratorios, salvo en el de microbiología. En ese espacio, la placa de Petri ocupaba un lugar central, como una joya preciada, porque a partir de ella se desarrollaban todos los estudios y experimentos con microorganismos.

La placa de Petri es, sin duda, una herramienta fundamental en microbiología. Permite la visualización y el cultivo de microorganismos, que de otro modo serían invisibles al ojo humano. Gracias a este sencillo, pero poderoso dispositivo, es posible observar las colonias de microorganismos con sus características únicas de forma, color y tamaño, facilitando la identificación de diversas especies.

Al avanzar en mis estudios, tuve la oportunidad de aprender de varios profesores, cada uno con su propio enfoque sobre cómo utilizar esta herramienta de vidrio para avanzar en sus investigaciones. Estas experiencias enriquecieron mi entendimiento y apreciación por la placa de Petri. A pesar de los avances tecnológicos y el uso extendido del ADN en microbiología moderna contemporánea, descubrí que la llamada "microbiología clásica", basada en el uso de placas de Petri, sigue siendo una metodología valiosa y efectiva.

Durante mi tiempo en el laboratorio del Dr. Francisco Yegres, un mentor y amigo, pude profundizar en el uso clásico de la placa de Petri. Evaluamos una amplia gama de microorganismos, desde hongos esporofíticos del aire hasta hongos patógenos de plantas. Utilizamos microorganismos en la producción de alimentos y bebidas como quesos, vinos, yogurt, mosto, cerveza, malta y ácido acético. Además, exploramos aplicaciones industriales de la microbiología, como la degradación de compuestos tóxicos en el suelo y el agua, incluyendo hidrocarburos policíclicos aromáticos, y la producción de bioplásticos, alcoholes y biodiésel, así como la valoración del agua potable desde el punto microbiológico.

La placa de Petri se convirtió en una herramienta versátil para detectar diversas enfermedades bacterianas y micóticas. Su uso en estudios tan variados expandió mi conocimiento y me hizo comprender que casi cualquier investigación en microbiología puede comenzar con esta simple pero esencial herramienta. La placa de Petri no solo facilita la observación y el cultivo de microorganismos, sino que también permite una comprensión más profunda de los procesos biológicos y ecológicos.

Para ilustrar la importancia de la placa de Petri en la vida cotidiana, podemos compararla con una ventana mágica que nos permite observar un universo completamente nuevo. Imaginemos que somos exploradores de un vasto cosmos desconocido, donde cada colonia de microorganismos es un planeta con su propia cultura y características únicas. Sin la placa de Petri, sería como intentar explorar este universo con un telescopio empañado, incapaces de distinguir los detalles que diferencian un planeta de otro. Con la placa de Petri, esa ventana se aclara, revelando un cosmos lleno de formas y colores que nos narran historias fascinantes sobre la vida microbiana.

Visto desde la microbiología industrial, la placa de Petri nos permitió optimizar procesos de producción, como la fermentación en la elaboración de alimentos y bebidas. Esta también juega un papel crucial en la biorremediación, donde los microorganismos se utilizan para limpiar contaminantes ambientales. En este contexto, la placa de Petri es como una herramienta de jardinería que nos permite seleccionar y cultivar las "plantas" correctas para restaurar un "jardín" dañado, que en este caso sería el medio ambiente.

Para los estudiantes y profesionales de microbiología, la placa de Petri no es solo un instrumento, sino un símbolo de descubrimiento y comprensión. A medida que colocan muestras en estas placas y observan el crecimiento de microorganismos, están participando en una tradición científica que ha proporcionado conocimientos cruciales durante más de un siglo. Es un recordatorio de que, aunque la tecnología evoluciona, las herramientas fundamentales que nos conectan con los principios básicos de la ciencia siguen siendo invaluables.

Hoy no podemos imaginar una microbiología moderna contemporánea sin la placa de Petri. Su capacidad para facilitar la observación, el estudio y la manipulación de microorganismos la convierte en una pieza insustituible en cualquier laboratorio. Desde la educación básica hasta la investigación avanzada, la placa de Petri continúa siendo una herramienta esencial que abre una ventana al mundo microbiano, permitiendo avances que mejoran nuestra salud, nuestra industria y nuestro medio ambiente.

Fundamentos de la Microbiología Contemporánea

La placa de Petri es una herramienta esencial y fundamental en la microbiología contemporánea, y su uso sigue siendo relevante incluso en la era de la biotecnología avanzada y la genómica. Este sencillo dispositivo ha revolucionado la forma en que estudiamos y comprendemos el mundo microbiano, permitiendo avances significativos en la ciencia, la medicina y la industria.

La Placa de Petri: Una Ventana al Microcosmos

Para entender la importancia de la placa de Petri, podemos compararla con una ventana mágica que nos permite observar un universo completamente nuevo. Imaginemos que somos exploradores de un vasto cosmos desconocido, donde cada colonia de microorganismos es un planeta con su propia cultura y características únicas. Sin la placa de Petri, sería como intentar explorar este universo con un telescopio empañado, incapaces de distinguir los detalles que diferencian un planeta de otro. Con la placa de Petri, esa ventana se aclara, revelando un cosmos lleno de formas y colores que nos narran historias fascinantes sobre la vida microbiana.

El Papel de la Placa de Petri en la Microbiología

Desde su invención por Julius Richard Petri en 1887, la placa de Petri ha sido crucial para el desarrollo de la microbiología. Este simple plato redondo de vidrio o plástico, junto con un medio de cultivo adecuado, permite el crecimiento controlado de bacterias, hongos y otros microorganismos. Esto facilita la observación directa y el estudio detallado de sus características morfológicas y fisiológicas.

Cultivo y Observación de Microorganismos:

La placa de Petri permite a los científicos cultivar microorganismos en condiciones controladas, observando cómo se desarrollan, se reproducen y reaccionan a diferentes estímulos. Por ejemplo, cuando se coloca una muestra de suelo o agua en una placa de Petri con un medio de cultivo adecuado, podemos observar el crecimiento de colonias de bacterias o hongos. Cada colonia es visible a simple vista y se puede analizar en términos de forma, color y tamaño.

Identificación y Diagnóstico:

La capacidad de observar las características únicas de las colonias microbianas facilita la identificación de especies específicas. En medicina, esto es crucial para el diagnóstico de infecciones. Por ejemplo, en un hospital, un médico puede tomar una muestra de un paciente con una infección, cultivarla en una placa de Petri y observar el crecimiento de las colonias. Las características morfológicas y las pruebas bioquímicas realizadas en estas colonias permiten identificar el patógeno responsable y elegir el tratamiento adecuado.

Investigación y Desarrollo:

La placa de Petri es indispensable en la investigación microbiológica. Permite a los científicos realizar experimentos para entender el comportamiento de los microorganismos bajo diferentes condiciones. Por ejemplo, los investigadores pueden estudiar cómo las bacterias responden a los antibióticos colocando discos impregnados con diferentes antibióticos en una placa de Petri y observando las zonas de inhibición del crecimiento bacteriano alrededor de los discos.

Aplicaciones Prácticas en la Vida Cotidiana

La importancia de la placa de Petri se extiende más allá del laboratorio de investigación. Sus aplicaciones prácticas afectan diversos aspectos de nuestra vida cotidiana.

Producción de Alimentos y Bebidas:

En la industria alimentaria, los microorganismos cultivados en placas de Petri se utilizan para la producción de alimentos y bebidas. Por ejemplo, los hongos y bacterias utilizados en la fermentación de productos como el queso, el vino, el yogurt y la cerveza son seleccionados y mejorados mediante estudios en placas de Petri. Esto asegura productos de alta calidad y consistencia.

Biotecnología Industrial:

En la biotecnología, la placa de Petri es una herramienta clave para el desarrollo de procesos industriales sostenibles. Por ejemplo, los microorganismos capaces de degradar contaminantes ambientales, como los hidrocarburos en suelos y aguas contaminadas, se identifican y optimizan utilizando técnicas de cultivo en placas de Petri. Este enfoque es crucial para la biorremediación, ayudando a limpiar y restaurar el medio ambiente.

Investigación Médica:

En la investigación médica, la placa de Petri ha sido fundamental para el desarrollo de nuevos medicamentos y tratamientos. La identificación y el estudio de patógenos, como las bacterias resistentes a los antibióticos, se realizan en placas de Petri. Además, los ensayos de sensibilidad a los antibióticos, que ayudan a determinar la eficacia de diferentes medicamentos contra bacterias específicas, dependen de esta herramienta.

La Placa de Petri y la Educación

Para los estudiantes y profesionales de microbiología, la placa de Petri no es solo un instrumento, sino un símbolo de descubrimiento y comprensión. A medida que colocan muestras en estas placas y observan el crecimiento de microorganismos, están participando en una tradición científica que ha proporcionado conocimientos cruciales durante más de un siglo. Es un recordatorio de que, aunque la tecnología evoluciona, las herramientas fundamentales que nos conectan con los principios básicos de la ciencia siguen siendo invaluables.

En las aulas y laboratorios educativos, la placa de Petri es una herramienta imprescindible para la enseñanza de la microbiología. Permite a los estudiantes experimentar de primera mano cómo los microorganismos crecen y responden a diferentes condiciones. Este aprendizaje práctico es esencial para comprender conceptos teóricos y desarrollar habilidades técnicas.

La placa de Petri, inventada por el bacteriólogo alemán Julius Richard Petri en 1887, es una herramienta esencial en microbiología y ha revolucionado múltiples campos, incluyendo la medicina y la salud pública. Imagina un jardín en miniatura donde las semillas de bacterias y hongos pueden crecer y revelar sus secretos. Este sencillo plato circular, generalmente de vidrio o plástico, se ha convertido en una ventana hacia el mundo microscópico, permitiéndonos observar, identificar y comprender los microorganismos que afectan nuestra salud.

Cultivo de Microorganismos y Diagnóstico de Enfermedades

Una de las aplicaciones más directas y críticas de la placa de Petri en medicina es el cultivo de microorganismos para el diagnóstico de enfermedades infecciosas. Cuando un paciente presenta síntomas de una infección, como fiebre, tos o heridas infectadas, una muestra de sangre, esputo, orina o tejido puede ser cultivada en una placa de Petri. Este proceso es similar a plantar semillas en un jardín y esperar a que germinen. Si hay bacterias patógenas presentes, comenzarán a crecer y formar colonias visibles en la placa.

Por ejemplo, en el caso de una infección urinaria, una muestra de orina se puede colocar en una placa de Petri con un medio de cultivo específico. Después de incubarla, se puede observar el crecimiento de bacterias como *Escherichia coli*, un patógeno común en este tipo de infecciones. Este método no solo confirma la presencia de la infección, sino que también permite realizar pruebas de sensibilidad a antibióticos, ayudando a los médicos a seleccionar el tratamiento más eficaz.

Investigación de Nuevos Medicamentos

La placa de Petri también es fundamental en la investigación y desarrollo de nuevos medicamentos. Los científicos utilizan estas placas para evaluar la eficacia de nuevos compuestos antimicrobianos. Imaginemos un grupo de guerreros (los antibióticos potenciales) enfrentándose a un ejército de bacterias en el campo de batalla de la placa de Petri. Aquellos que logran matar o inhibir el crecimiento bacteriano se seleccionan para estudios más avanzados.

Un ejemplo notable es el descubrimiento de la penicilina por Alexander Fleming en 1928. Fleming observó que un hongo del género *Penicillium* había contaminado una de sus placas de Petri y que alrededor del hongo no crecían bacterias. Esta observación, simple pero revolucionaria, llevó al desarrollo del primer antibiótico y transformó el tratamiento de infecciones bacterianas.

Control de Calidad en Alimentos y Agua

Más allá del ámbito hospitalario, la placa de Petri juega un papel vital en la salud pública a través del control de calidad de alimentos y agua. Los inspectores de salud utilizan placas de Petri para detectar la presencia de patógenos en muestras de alimentos y agua potable. Este proceso es esencial para prevenir brotes de enfermedades transmitidas por alimentos, como la salmonelosis y la listeriosis.

Por ejemplo, en una planta de procesamiento de alimentos, se pueden tomar muestras de superficies y productos terminados y cultivarlas en placas de Petri. Si se detecta la presencia de Salmonella, la producción puede ser detenida y los productos retirados del mercado para evitar una crisis de salud pública. Este método de vigilancia es crucial para mantener la seguridad alimentaria y proteger a la población.

Investigación del Microbioma Humano

El estudio del microbioma humano, es decir, la comunidad de microorganismos que habitan en nuestro cuerpo, ha avanzado significativamente gracias al uso de la placa de Petri. Estas investigaciones han revelado que los microorganismos desempeñan un papel vital en nuestra salud, afectando desde la digestión hasta el sistema inmunológico y la salud mental.

Por ejemplo, cultivos de muestras fecales en placas de Petri han permitido identificar bacterias beneficiosas que podrían utilizarse como probióticos para tratar trastornos digestivos. Además, la placa de Petri ha sido crucial para estudiar cómo los desequilibrios en el microbioma están relacionados con enfermedades como la obesidad, la diabetes y las enfermedades inflamatorias intestinales.

Prevención y Control de Brotes Epidémicos

En salud pública, las placas de Petri son herramientas esenciales para la prevención y control de brotes epidémicos. Cuando surge una enfermedad infecciosa, como el cólera o la tuberculosis, los laboratorios de salud pública utilizan placas de Petri para identificar y caracterizar los patógenos responsables. Esto permite a los epidemiólogos rastrear la fuente del brote y implementar medidas de control para prevenir su propagación.

Un ejemplo contemporáneo es el manejo de brotes de infecciones resistentes a los antibióticos. Los laboratorios pueden utilizar placas de Petri para aislar y estudiar cepas resistentes de bacterias, lo que ayuda a desarrollar estrategias para controlar su propagación y proteger a las poblaciones vulnerables.

Educación y Capacitación

Finalmente, las placas de Petri son herramientas educativas invaluables en la formación de nuevos científicos y profesionales de la salud. En los laboratorios de enseñanza, los estudiantes de microbiología y medicina utilizan placas de Petri para aprender técnicas básicas de cultivo y diagnóstico. Esta formación práctica es esencial para preparar a la próxima generación de investigadores y médicos.

En conclusión, la placa de Petri, aunque simple en su diseño, ha tenido un impacto monumental en la medicina y la salud pública. Desde el diagnóstico de enfermedades hasta la investigación de nuevos tratamientos y la protección de la seguridad alimentaria, este humilde instrumento continúa siendo una piedra angular en nuestra lucha contra las enfermedades y en la promoción de la salud. Al igual que un jardín bien cuidado, el uso de la placa de Petri nos permite cultivar conocimiento y soluciones que salvan vidas y mejoran la calidad de vida en todo el mundo.

2.3 Utilización en la industria alimentaria y farmacéutica

Control de Calidad y Ensayos de Estabilidad

Durante la producción de medicamentos, es esencial garantizar que los productos estén libres de contaminantes. Las Placas de Petri son fundamentales para este propósito, ya que permiten realizar pruebas de esterilidad y evaluar la estabilidad de los medicamentos bajo diversas condiciones de almacenamiento.

En el control de calidad, las Placas de Petri se utilizan para pruebas de esterilidad, donde se inoculan muestras del producto en medios de cultivo específicos contenidos en las placas. Estas se incuban bajo condiciones controladas para permitir el crecimiento de cualquier microorganismo presente. La ausencia de crecimiento microbiano en las placas indica que el producto es estéril, mientras que la presencia de colonias sugiere contaminación, lo que podría comprometer la seguridad del medicamento.

Además de las pruebas de esterilidad, las Placas de Petri se emplean en pruebas de contaminación microbiana para productos no estériles. Esto implica el uso de medios de cultivo selectivos y diferenciales que favorecen el crecimiento de microorganismos específicos y permiten su cuantificación e identificación. Este proceso asegura que los niveles de microorganismos estén dentro de los límites aceptables, garantizando así la calidad y seguridad del producto.

El control ambiental también es una aplicación crucial de las Placas de Petri. Estas se utilizan para monitorear la calidad microbiológica del aire y las superficies en las áreas de producción y almacenamiento. Las muestras ambientales se cultivan en las placas, y las colonias resultantes se cuentan y evalúan para asegurar que las condiciones higiénicas se mantienen adecuadas, minimizando el riesgo de contaminación cruzada en la producción.

En cuanto a los ensayos de estabilidad, las Placas de Petri son utilizadas para evaluar cómo la carga microbiana de un medicamento cambia con el tiempo bajo diferentes condiciones de almacenamiento, como variaciones de temperatura, humedad y luz. Durante estos ensayos, muestras del producto se inoculan en las placas en varios puntos del tiempo. La incubación y el análisis de estas placas permiten detectar cualquier cambio en la carga microbiana, lo cual es esencial para determinar la vida útil del producto y asegurar su eficacia y seguridad a lo largo del tiempo.

Las Placas de Petri también se utilizan para detectar la degradación microbiana de los medicamentos. Al exponer muestras del producto a condiciones estresantes y cultivarlas en las placas, los científicos pueden identificar posibles vías de degradación microbiana que podrían afectar la estabilidad del producto. Esto permite ajustar las condiciones de almacenamiento o modificar la formulación para mejorar la estabilidad del medicamento.

Por último, en el monitoreo de la efectividad de los agentes preservativos, las Placas de Petri juegan un papel crucial. Los productos que contienen preservativos se inoculan con microorganismos específicos y se cultivan en las placas en diferentes momentos durante los ensayos de estabilidad. Al medir la capacidad de los preservativos para inhibir el crecimiento microbiano a lo largo del tiempo, se asegura que el producto permanezca seguro para su uso durante toda su vida útil.

Pruebas de Eficacia de Antibióticos
Las Placas de Petri son esenciales para las pruebas de sensibilidad antimicrobiana. Los discos de antibióticos se colocan sobre cultivos bacterianos y se mide la zona de inhibición alrededor de los discos para determinar la efectividad del antibiótico contra la bacteria en cuestión.

Para llevar a cabo estas pruebas, primero se inocula la Placa de Petri con una suspensión uniforme de la bacteria que se está probando. Una vez que la placa ha sido inoculada y el medio de cultivo ha solidificado, se colocan discos impregnados con diferentes antibióticos sobre la superficie del agar. Las placas se incuban a una temperatura adecuada para permitir el crecimiento bacteriano.

Durante la incubación, los antibióticos se difunden desde los discos hacia el medio de cultivo y, si son efectivos, inhiben el crecimiento bacteriano alrededor del disco. Después del periodo de incubación, se observa la placa para identificar las zonas claras de inhibición alrededor de los discos, conocidas como halos. El diámetro de

estos halos se mide y se compara con estándares preestablecidos para
determinar la sensibilidad de la bacteria al antibiótico.

Un halo grande indica una alta sensibilidad de la bacteria al antibiótico, sugiriendo
que el medicamento es eficaz en inhibir el crecimiento bacteriano. Por otro lado,
un halo pequeño o la ausencia de halo indica resistencia bacteriana, lo que
significa que el antibiótico no es eficaz contra esa cepa bacteriana.

Estas pruebas son cruciales para seleccionar los antibióticos más adecuados para
tratar infecciones bacterianas, ayudando a evitar el uso innecesario de antibióticos
ineficaces y contribuyendo a la lucha contra la resistencia antimicrobiana. Además,
proporcionan información valiosa para la formulación de guías de tratamiento
clínico y la gestión de programas de control de infecciones en entornos
hospitalarios.

Monitoreo Ambiental

En la fabricación de productos farmacéuticos, el monitoreo ambiental es
crítico para prevenir la contaminación. Las Placas de Petri se utilizan para
muestrear el aire y las superficies en áreas de producción y laboratorio,
asegurando que se mantengan los estándares de esterilidad y limpieza.

Para muestrear el aire, se utilizan dispositivos de muestreo que aspiran
aire y lo impactan en la superficie de una Placa de Petri con agar nutritivo.
Esto permite que cualquier microorganismo presente en el aire se
deposite en el medio de cultivo. Las placas se incuban luego a una
temperatura adecuada para permitir el crecimiento de microorganismos.
Después del periodo de incubación, se examinan las placas en busca de

colonias microbianas, las cuales se cuentan y se identifican para evaluar la calidad del aire en las áreas críticas de producción.

En el muestreo de superficies, las Placas de Petri se utilizan con técnicas como las placas de contacto (agar contacto) y los hisopos estériles. En la técnica de placas de contacto, la superficie de agar se presiona directamente contra las superficies que se están monitoreando, como mesas de trabajo, equipos o paredes. Los hisopos estériles se pasan sobre las superficies y luego se transfieren al medio de cultivo en las placas. Las placas de contacto y las que contienen hisopos transferidos se incuban para permitir el crecimiento de microorganismos.

Las colonias resultantes se cuentan y se evalúan para determinar la carga microbiana en las superficies muestreadas. Este proceso es esencial para verificar la efectividad de los procedimientos de limpieza y desinfección, y para identificar cualquier área que requiera atención adicional para mantener la esterilidad.

El monitoreo ambiental mediante Placas de Petri permite a los fabricantes farmacéuticos asegurar que los entornos de producción cumplan con los estándares regulatorios y las mejores prácticas de la industria. Esto ayuda a prevenir la contaminación de los productos farmacéuticos, garantizando su seguridad y eficacia para los consumidores. Además, el monitoreo continuo proporciona datos importantes que pueden utilizarse para mejorar los procedimientos de limpieza y desinfección, así como para responder rápidamente a cualquier indicio de contaminación.

Investigación de Nuevos Tratamientos

Las Placas de Petri son fundamentales en la investigación de nuevos tratamientos y terapias, estas pequeñas superficies circulares, generalmente hechas de vidrio o plástico, permiten a los científicos cultivar microorganismos como bacterias, hongos y virus en un entorno controlado. Imagina una pequeña ventana al mundo microscópico, donde los investigadores pueden observar directamente el comportamiento de estos diminutos seres vivos y desentrañar los misterios de sus mecanismos de acción. Esto es esencial para desarrollar estrategias eficaces para combatir enfermedades infecciosas, ya que conocer cómo se comportan y proliferan los patógenos es el primer paso para derrotarlos.

Una de las aplicaciones más cruciales de las Placas de Petri es la realización de pruebas de sensibilidad a medicamentos. Este proceso es similar a probar diferentes escudos en una batalla para ver cuál resiste mejor los ataques del enemigo. Al exponer los microorganismos a distintas concentraciones de fármacos, los científicos pueden determinar cuál es el compuesto más efectivo y en qué dosis mínima puede lograr resultados sin causar daño excesivo al paciente. Esta información es vital no solo para la efectividad del tratamiento, sino también para prevenir el desarrollo de resistencia a los medicamentos, un problema creciente en el mundo de la salud pública.

Pero las Placas de Petri no se limitan a la microbiología su utilidad se extiende al estudio de las interacciones celulares, un aspecto crucial en la biología celular y molecular. Las células, al igual que las personas, interactúan con su entorno y entre ellas de maneras complejas y fascinantes. Utilizando Placas de Petri, los científicos pueden observar cómo las células responden a diversos compuestos y condiciones, lo cual es fundamental para desarrollar terapias seguras y efectivas. Por ejemplo, en el campo de la oncología, entender cómo las células cancerígenas reaccionan a diferentes tratamientos puede llevar al desarrollo de terapias personalizadas. Estas terapias se adaptan a las características específicas del tumor de un paciente, mejorando significativamente las probabilidades de éxito y reduciendo los efectos secundarios.

En el ámbito de la biología celular y molecular, las Placas de Petri son indispensables para manipular y observar células en un ambiente controlado. Este control es similar al de un laboratorio de química donde cada variable puede ser ajustada y monitoreada. Esta precisión permite a los investigadores entender mejor los procesos celulares básicos, como la división celular, la señalización y la muerte celular programada (apoptosis). Estos conocimientos son la base para desarrollar intervenciones terapéuticas que pueden corregir o modificar estos procesos cuando se vuelven patológicos.

Además, las Placas de Petri han sido clave en el desarrollo de biotecnologías innovadoras. Pensemos en la ingeniería de tejidos, donde los científicos cultivan células en una placa de Petri para crear tejidos que pueden ser usados para reemplazar o reparar tejidos dañados en el cuerpo humano. O la clonación celular, que permite la producción de células idénticas para investigación o tratamiento. Estas innovaciones tienen el potencial de revolucionar el tratamiento de una amplia variedad de enfermedades y condiciones médicas, desde la regeneración de órganos hasta la creación de modelos celulares para probar nuevos fármacos.

Las Placas de Petri son mucho más que simples recipientes de laboratorio, son herramientas indispensables que abren una ventana al mundo microscópico, permitiendo a los científicos observar y manipular los organismos y células a un nivel que antes era inimaginable. Este acceso detallado y controlado es fundamental para avanzar en la investigación biomédica, desarrollando nuevos tratamientos y terapias que pueden salvar vidas y mejorar la salud de millones de personas en todo el mundo. Gracias a la versatilidad y precisión que ofrecen las Placas de Petri, la ciencia continúa desentrañando los secretos de la vida a nivel celular y microbiano, allanando el camino para futuros avances médicos y biotecnológicos.

Procedimientos y Métodos Específicos

Los procedimientos y métodos específicos empleados con las Placas de Petri son esenciales para el estudio detallado de microorganismos y células. Entre estos métodos, destacan la técnica de siembra por extensión, la técnica de siembra en profundidad, y el uso de medios selectivos y diferenciales. Cada uno de estos métodos tiene sus propias ventajas y aplicaciones específicas, permitiendo a los científicos abordar una amplia gama de preguntas de investigación.

Técnica de Siembra por Extensión

La siembra por extensión es una técnica fundamental en microbiología, imaginémosla como esparcir mantequilla sobre una tostada para lograr una cobertura uniforme. En este procedimiento, se toma una pequeña cantidad de muestra y se extiende sobre la superficie del agar en la Placa de Petri utilizando una herramienta llamada asa de siembra. Este método es especialmente útil para obtener colonias aisladas, que son grupos de microorganismos descendientes de una sola célula. Las colonias aisladas son esenciales porque permiten a los científicos contar y analizar microorganismos individuales, lo que es crucial para estudios cuantitativos y cualitativos.

La precisión con la que se realiza esta técnica determina la claridad y separación de las colonias. Una buena siembra por extensión produce colonias bien espaciadas que pueden ser fácilmente contadas y caracterizadas. Este método es ampliamente utilizado en estudios de microbiología clínica para identificar patógenos en muestras de pacientes, así como en investigaciones ambientales para analizar la biodiversidad microbiana en diferentes ecosistemas.

Técnica de Siembra en Profundidad

La siembra en profundidad es otra técnica valiosa, comparable a mezclar ingredientes en una masa homogénea antes de hornear un pastel. En esta técnica, la muestra se mezcla con agar fundido a una temperatura que mantiene el agar líquido, pero no daña los microorganismos. Luego, esta mezcla se vierte en la Placa de Petri y se deja solidificar. Este método permite que los microorganismos queden distribuidos en toda la profundidad del medio, no solo en la superficie.

Esta técnica es particularmente útil para contar microorganismos en muestras líquidas y para detectar bacterias anaerobias, aquellas que no pueden crecer en presencia de oxígeno. Los microorganismos atrapados en el agar solidificado forman colonias en diferentes niveles, lo que permite una mejor estimación de la concentración original de microorganismos en la muestra. Además, proporciona un ambiente adecuado para el crecimiento de anaerobios, ya que el agar sólido excluye el oxígeno, creando microambientes anaeróbicos.

Uso de Medios Selectivos y Diferenciales

Las Placas de Petri también pueden contener medios de cultivo selectivos y diferenciales, que son fundamentales para estudiar y distinguir entre diferentes tipos de microorganismos. Piense en estos medios como filtros inteligentes que no solo permiten el crecimiento de ciertos microorganismos, sino que también los colorean o modifican para facilitar su identificación.

Los medios selectivos contienen agentes que inhiben el crecimiento de algunos microorganismos mientras permiten que otros crezcan. Un ejemplo es el agar MacConkey, que contiene sales biliares y cristal violeta para inhibir bacterias grampositivas, favoreciendo así el crecimiento de bacterias gramnegativas. Además, este medio es diferencial porque contiene lactosa y un indicador de pH. Las bacterias que fermentan la lactosa producen ácido, lo que cambia el color del indicador, permitiendo distinguir entre lactosa fermentadoras y no fermentadoras. Esto es crucial para identificar patógenos entéricos como *Escherichia coli y Salmonella*. Los medios selectivos y diferenciales son herramientas poderosas en microbiología diagnóstica y ambiental. Facilitan la identificación rápida y precisa de microorganismos en muestras complejas, lo que es esencial para el tratamiento efectivo de enfermedades infecciosas y para el monitoreo de la calidad del agua y los alimentos.

Las técnicas de siembra por extensión y en profundidad, junto con el uso de medios selectivos y diferenciales, son métodos indispensables que potencian el uso de las Placas de Petri en la investigación microbiológica. Estos métodos no solo mejoran nuestra capacidad para estudiar y comprender los microorganismos, sino que también son fundamentales para desarrollar nuevos tratamientos, garantizar la seguridad alimentaria y mejorar la salud pública.

Así mismo la Placa de Petri es una herramienta versátil y esencial en la industria alimentaria y farmacéutica. Su capacidad para facilitar el cultivo, la observación y la cuantificación de microorganismos la hace indispensable para garantizar la seguridad y calidad de los productos. Además, su uso en investigación y desarrollo contribuye a la innovación continua en estos campos, mejorando tanto la seguridad alimentaria como la eficacia de los tratamientos médicos.

2.5 Uso en la ecología microbiana y biotecnología

La Placa de Petri es una herramienta esencial en la investigación científica y médica, permitiendo a los investigadores cultivar y observar microorganismos en un entorno controlado. Su importancia radica en su versatilidad y capacidad para proporcionar un ambiente ideal para el crecimiento de bacterias, hongos, virus y células eucariotas. Esto facilita una amplia gama de estudios, desde la microbiología básica hasta aplicaciones clínicas y biotecnológicas.

Uso en la Ecología Microbiana

En el campo de la ecología microbiana, la Placa de Petri es una herramienta invaluable. Este ámbito de estudio se centra en comprender cómo los microorganismos interactúan con su entorno, incluyendo otros organismos y el medio físico. Aquí, las Placas de Petri permiten a los científicos investigar varios aspectos clave:

Aislamiento de Microorganismos: En la naturaleza, los microorganismos existen en comunidades complejas. Las Placas de Petri permiten a los investigadores aislar especies individuales de muestras ambientales, facilitando el estudio de sus características y comportamientos específicos.

Estudios de Competencia y Cooperación: La ecología microbiana examina cómo los microorganismos compiten por recursos o colaboran en redes tróficas. Usando Placas de Petri, los científicos pueden recrear estas interacciones en el laboratorio, observando cómo diferentes especies afectan el crecimiento y la supervivencia de otras.

Adaptación y Evolución: Las Placas de Petri proporcionan un entorno controlado para estudiar cómo los microorganismos se adaptan a cambios ambientales. Esto puede incluir la resistencia a antibióticos, la utilización de nuevos nutrientes o la supervivencia en condiciones extremas.

Biogeografía Microbiana: Mediante el cultivo de muestras de diferentes hábitats en Placas de Petri, los científicos pueden comparar la diversidad microbiana y entender mejor la distribución geográfica de distintas especies microbianas.

Uso en la Biotecnología

La biotecnología se beneficia enormemente del uso de Placas de Petri, ya que estas placas facilitan numerosos procesos esenciales para el desarrollo de productos biotecnológicos y la investigación avanzada:

Ingeniería Genética: En la manipulación genética, las Placas de Petri son utilizadas para clonar y seleccionar bacterias modificadas genéticamente. Después de introducir un nuevo gen en una célula bacteriana, los científicos pueden usar Placas de Petri para cultivar y seleccionar las células que han incorporado correctamente el material genético deseado.

Producción de Metabolitos Secundarios: Muchos productos biotecnológicos, como antibióticos, vitaminas y enzimas, son metabolitos secundarios producidos por microorganismos. Las Placas de Petri permiten a los investigadores aislar y optimizar cepas microbianas que producen estos compuestos en cantidades significativas.

Desarrollo de Biocombustibles: Las algas y otros microorganismos cultivados en Placas de Petri son estudiados por su capacidad para producir biocombustibles. Los científicos pueden seleccionar y mejorar cepas que tienen una alta eficiencia en la producción de lípidos o etanol, componentes esenciales para los biocombustibles.

Biorremediación: Las Placas de Petri son usadas para seleccionar y mejorar microorganismos capaces de degradar contaminantes ambientales. Este proceso implica cultivar microorganismos en presencia de sustancias tóxicas y seleccionar aquellos que muestran una alta capacidad de degradación, que luego pueden ser aplicados en procesos de limpieza ambiental.

Desarrollo de Nuevos Medicamentos: La investigación farmacéutica utiliza Placas de Petri para estudiar la producción de compuestos bioactivos por microorganismos. Esto incluye la identificación de nuevas fuentes de antibióticos y otros medicamentos. Además, permiten la prueba de interacciones de fármacos con diferentes microorganismos, facilitando la identificación de potenciales tratamientos.

La Placa de Petri es una herramienta indispensable tanto en la ecología microbiana como en la biotecnología. En la ecología microbiana, permite el aislamiento, estudio y comprensión de las interacciones y adaptaciones microbianas en diferentes ambientes. En biotecnología, facilita la ingeniería genética, la producción de metabolitos importantes, el desarrollo de biocombustibles, la biorremediación y el descubrimiento de nuevos medicamentos. Su capacidad para proporcionar un entorno controlado y replicable hace que sea una pieza clave en la investigación y aplicación práctica de la microbiología y la biotecnología.

2.6 Intersección con la ingeniería genética y la bioinformática

Las Placas de Petri son una herramienta esencial que actúa como un puente entre diversas disciplinas científicas, incluyendo la ingeniería genética y la bioinformática. Su capacidad para proporcionar un entorno controlado y replicable hace que sean indispensables en estos campos. En la ingeniería genética, permiten la manipulación y el estudio detallado del ADN y la expresión de proteínas, mientras que, en la bioinformática, proporcionan los datos experimentales necesarios para análisis y modelado computacional. La sinergia entre estos campos, facilitada por las Placas de Petri, impulsa el avance de la biotecnología y la investigación biomédica, permitiendo el desarrollo de nuevas terapias, productos biotecnológicos y una comprensión más profunda de los sistemas biológicos.

Ingeniería Genética

En la ingeniería genética, las Placas de Petri desempeñan un papel crucial en varias etapas del proceso de manipulación y estudio de material genético:

Clonación de Genes:

Las Placas de Petri se utilizan para cultivar bacterias que han sido transformadas con plásmidos que contienen genes de interés. Estas placas permiten la selección de bacterias que han incorporado exitosamente el plásmido, utilizando medios de cultivo que contienen antibióticos. Las colonias resultantes se pueden aislar y analizar más a fondo para verificar la presencia y la correcta expresión del gen introducido.

Expresión de Proteínas Recombinantes:

Una vez que los genes han sido introducidos en los microorganismos, las Placas de Petri facilitan el cultivo de estas células para la producción de proteínas recombinantes. Estas proteínas son esenciales para investigaciones biológicas y aplicaciones terapéuticas. Las Placas de Petri permiten un primer paso crítico para seleccionar las cepas más productivas antes de escalarlas a cultivos líquidos de mayor volumen.

Mutagénesis y Selección de Mutantes:

Las Placas de Petri son fundamentales en estudios de mutagénesis, donde se introducen mutaciones en el ADN para estudiar sus efectos. Los mutantes se cultivan en estas placas, permitiendo la observación de fenotipos alterados y la selección de aquellos con características deseadas para estudios posteriores o aplicaciones biotecnológicas.

Bioinformática

La bioinformática, que implica el uso de herramientas computacionales para analizar datos biológicos, también se beneficia de las Placas de Petri en varias formas indirectas:

Análisis de Secuencias Genéticas:

Los experimentos realizados en Placas de Petri, como la clonación y la mutagénesis, generan datos de secuencias genéticas que luego se analizan mediante herramientas bioinformáticas. La comparación de secuencias y la identificación de mutaciones son esenciales para comprender los cambios genéticos y sus efectos.

Modelado de Redes Metabólicas y Reguladoras:

Los estudios realizados en Placas de Petri proporcionan datos experimentales sobre la expresión de genes y la producción de metabolitos. Estos datos son integrados en modelos computacionales que simulan redes metabólicas y reguladoras. Las Placas de Petri permiten validar estos modelos, comparando predicciones con resultados experimentales.

Desarrollo de Algoritmos y Software:

Las Placas de Petri permiten la generación de grandes conjuntos de datos que son esenciales para desarrollar y mejorar algoritmos y software de bioinformática. Por ejemplo, los datos de crecimiento y expresión génica de microorganismos en diferentes condiciones pueden ser utilizados para entrenar algoritmos de aprendizaje automático que predicen comportamientos biológicos.

Big Data y Análisis Omicos:

Las tecnologías omicas (genómica, transcriptómica, proteómica, etc.) generan grandes volúmenes de datos a partir de experimentos que a menudo comienzan con cultivos en Placas de Petri. La bioinformática es crucial para procesar y analizar estos datos, identificando patrones y relaciones que no son evidentes a simple vista.

2.7 Rol en la vigilancia epidemiológica y control de enfermedades

Las Placas de Petri desempeñan un papel crucial en la vigilancia epidemiológica y el control de enfermedades. Estas herramientas básicas de laboratorio son fundamentales para identificar, estudiar y monitorear microorganismos patógenos, facilitando así la gestión de brotes de enfermedades y la implementación de medidas de control efectivas. Su capacidad para proporcionar un entorno controlado y replicable para el cultivo y estudio de microorganismos hace que sean indispensables en la lucha contra las enfermedades infecciosas, ayudando a proteger la salud pública y prevenir epidemias.

Identificación de Patógenos

Uno de los usos más esenciales de las Placas de Petri en la vigilancia epidemiológica es la identificación de patógenos. Los procedimientos básicos incluyen:

Cultivo de Muestras Clínicas:

Cuando se sospecha de una infección, las muestras clínicas (como sangre, orina, esputo o tejido) se cultivan en Placas de Petri con medios de cultivo adecuados. Este proceso permite que los microorganismos presentes en la muestra crezcan y formen colonias visibles. Estas colonias pueden ser estudiadas para identificar el patógeno responsable de la infección.

Pruebas de Sensibilidad a Antimicrobianos:

Una vez que se ha aislado un patógeno en una Placa de Petri, se pueden realizar pruebas de sensibilidad a antimicrobianos para determinar qué medicamentos serán más efectivos para tratar la infección. Esto es vital para prescribir tratamientos adecuados y reducir la propagación de cepas resistentes a los medicamentos.

Monitoreo de Brotes

Las Placas de Petri también son cruciales para el monitoreo de brotes de enfermedades:

Detección Temprana:

Las Placas de Petri permiten la detección temprana de patógenos en comunidades y hospitales. Por ejemplo, en un hospital, las muestras de pacientes con síntomas similares pueden cultivarse rápidamente para identificar un brote de una infección nosocomial. Esta detección temprana es esencial para implementar medidas de control y prevenir la propagación de la enfermedad.

Vigilancia Continua:

Las Placas de Petri se utilizan en programas de vigilancia continua para monitorear la presencia de patógenos en diversas poblaciones. Por ejemplo, en plantas de tratamiento de agua, las Placas de Petri son utilizadas para detectar la presencia de bacterias coliformes, indicando posibles contaminaciones fecales. Este monitoreo regular ayuda a prevenir brotes de enfermedades transmitidas por el agua.

Investigación Epidemiológica

En la investigación epidemiológica, las Placas de Petri son utilizadas para estudiar la dinámica de transmisión de enfermedades:

Trazabilidad de Patógenos:

Durante un brote, los investigadores pueden utilizar Placas de Petri para aislar y caracterizar los patógenos de diferentes pacientes. Comparando las cepas aisladas, se pueden identificar las fuentes de infección y las rutas de transmisión. Esto es fundamental para diseñar estrategias efectivas de control y prevención.

Estudios de Resistencia Antimicrobiana:
Las Placas de Petri son esenciales para estudiar la resistencia antimicrobiana. Al cultivar bacterias de diferentes muestras y realizar pruebas de sensibilidad, los investigadores pueden mapear la propagación de cepas resistentes y entender los mecanismos subyacentes de resistencia. Esta información es crucial para desarrollar políticas de uso de antimicrobianos y programas de control de infecciones.

Desarrollo de Vacunas y Tratamientos

El papel de las Placas de Petri en la vigilancia epidemiológica también se extiende al desarrollo de vacunas y tratamientos:

Investigación de Vacunas:
Las Placas de Petri permiten cultivar patógenos y estudiar su comportamiento, lo cual es esencial para el desarrollo de vacunas. Los investigadores pueden atenuar los patógenos cultivados en Placas de Petri y probar su eficacia como vacunas en modelos animales antes de avanzar a ensayos clínicos.

Desarrollo de Nuevos Tratamientos:

Al estudiar cómo los patógenos crecen y responden a diferentes compuestos en Placas de Petri, los científicos pueden identificar nuevos medicamentos y tratamientos. Este proceso es esencial para encontrar terapias efectivas contra patógenos emergentes y resistentes.

2.8 Impacto en la enseñanza y la divulgación científica

Las Placas de Petri no solo son una herramienta esencial en la investigación científica, sino que también tienen un impacto significativo en la enseñanza y la divulgación científica. Estas simples herramientas de laboratorio permiten a estudiantes de todas las edades comprender conceptos científicos complejos de una manera práctica y accesible. Las Placas de Petri desempeñan un papel crucial en la enseñanza y la divulgación científica al proporcionar una forma práctica y accesible de enseñar conceptos científicos complejos, fomentar habilidades científicas en los estudiantes, involucrar a la comunidad en actividades científicas y inspirar futuras carreras científicas. Su versatilidad y facilidad de uso las convierten en una herramienta invaluable para educadores, científicos y divulgadores por igual, contribuyendo al avance de la educación científica y la participación pública en la ciencia.

Experiencia Práctica en el Aula

Las Placas de Petri ofrecen una forma práctica y tangible de enseñar conceptos científicos en el aula:

Microbiología Básica:

Las Placas de Petri son ideales para enseñar microbiología básica a estudiantes de todas las edades. Los maestros pueden utilizarlas para demostrar conceptos como el crecimiento de microorganismos, la formación de colonias y la importancia de las condiciones de cultivo. Los estudiantes pueden realizar experimentos simples, como observar el crecimiento bacteriano en diferentes medios de cultivo o investigar la efectividad de desinfectantes.

Ecología Microbiana:

Las Placas de Petri también pueden utilizarse para enseñar conceptos de ecología microbiana. Por ejemplo, los estudiantes pueden recolectar muestras ambientales y cultivar microorganismos en Placas de Petri para estudiar la diversidad y distribución de la vida microbiana en diferentes entornos. Esto les permite comprender la importancia de los microorganismos en los ecosistemas y cómo interactúan con su entorno.

Fomento de Habilidades Científicas

El uso de Placas de Petri en el aula fomenta el desarrollo de habilidades científicas en los estudiantes:

Observación y Análisis:

Al observar el crecimiento de microorganismos en Placas de Petri, los estudiantes desarrollan habilidades de observación y análisis. Pueden identificar diferentes tipos de colonias, analizar patrones de crecimiento y sacar conclusiones sobre las condiciones que favorecen el crecimiento microbiano.

Métodos Científicos:

Los experimentos con Placas de Petri también enseñan a los estudiantes sobre el método científico. Aprenden a formular preguntas de investigación, diseñar experimentos, recolectar datos y sacar conclusiones basadas en evidencia. Este enfoque basado en la práctica ayuda a los estudiantes a internalizar los principios fundamentales de la ciencia.

Divulgación Científica y Participación Comunitaria

Las Placas de Petri pueden utilizarse como herramientas de divulgación científica para involucrar a la comunidad en actividades científicas:

Eventos de Ciencia Pública:

En ferias de ciencias y otros eventos de divulgación científica, las Placas de Petri pueden ser utilizadas para realizar demostraciones interactivas. Los visitantes pueden cultivar microorganismos, observar su crecimiento y aprender sobre microbiología y biotecnología de una manera divertida y accesible.

Proyectos Comunitarios:

Las Placas de Petri también pueden ser utilizadas en proyectos comunitarios de ciencia ciudadana. Por ejemplo, los residentes locales pueden recolectar muestras de agua, suelo o aire y cultivar microorganismos para estudiar la biodiversidad microbiana en su entorno.

Esto fomenta la participación pública en la investigación científica y promueve la conciencia ambiental.

Impulso a las Carreras Científicas

El uso de Placas de Petri en la enseñanza puede inspirar a estudiantes a seguir carreras científicas:

Despertar Interés por la Ciencia:

Las experiencias prácticas con Placas de Petri pueden despertar el interés de los estudiantes por la ciencia y motivarlos a explorar carreras en campos relacionados, como la microbiología, la biotecnología o la ecología.

Desarrollo de Habilidades Profesionales:

El uso de Placas de Petri en la enseñanza proporciona a los estudiantes habilidades prácticas que son relevantes para carreras científicas. Aprenden técnicas de laboratorio, análisis de datos y comunicación científica, preparándolos para futuras oportunidades educativas y profesionales.

Capítulo 3: El Futuro

Navegando el Universo Microbiano: Perspectivas Futuras con la Placa de Petri

La Placa de Petri, una herramienta esencial en la microbiología, se encuentra en la cúspide de una revolución tecnológica que promete transformar la investigación científica y la medicina. Las tendencias emergentes en su tecnología están impulsando mejoras en los materiales y diseños, permitiendo cultivos más precisos y diversos. Imagina la Placa de Petri como una ventana hacia mundos invisibles, cada vez más clara y amplia, revelando secretos ocultos de microorganismos que antes eran inaccesibles.

La automatización y la robótica están revolucionando el manejo de las Placas de Petri. Piense en los robots como pequeños ayudantes incansables en los laboratorios, capaces de manejar cientos de placas con precisión milimétrica, acelerando procesos que antes tomaban días o semanas. Estos avances no solo incrementan la eficiencia, sino que también minimizan los errores humanos, garantizando resultados más fiables y consistentes.

La inteligencia artificial (IA) y el análisis de datos están integrándose para interpretar los resultados de las Placas de Petri de manera más rápida y precisa. Por ejemplo, imagina un software que pueda analizar automáticamente las colonias microbianas, identificando patrones que el ojo humano podría pasar por alto. Esto es comparable a tener un microscopio con una mente propia, capaz de detectar y aprender de cada nuevo dato, permitiendo descubrimientos revolucionarios en el comportamiento microbiano y en la resistencia a antibióticos.

Nuevos modelos teóricos y conceptuales están emergiendo en microbiología, ofreciendo formas innovadoras de entender los ecosistemas microbianos. Piensa en un ecosistema microbiano como una ciudad bulliciosa, con bacterias, virus y hongos interactuando de maneras complejas. Los nuevos modelos nos permiten mapear estas interacciones con mayor detalle, similar a cómo los mapas de ciudades han evolucionado de simples dibujos a detallados planos interactivos en 3D.

La exploración de la microbiota humana, la vasta comunidad de microorganismos que viven en nuestro cuerpo, es fundamental para nuestra salud. Las Placas de Petri permiten estudiar estos microorganismos, revelando cómo influyen en enfermedades y salud general. Imagina la microbiota como un jardín secreto en tu intestino, donde cada microbio juega un papel crucial en mantener el equilibrio. Las Placas de Petri nos permiten cultivar y estudiar estos microbios, desarrollando terapias que pueden restaurar el equilibrio en caso de enfermedad.

En medicina regenerativa y terapia celular, las Placas de Petri son como pequeños viveros donde las células madre y los tejidos pueden crecer y desarrollarse. Esto abre nuevas posibilidades para el tratamiento de enfermedades y la reparación de tejidos dañados. Por ejemplo, se pueden cultivar células cardíacas para reparar corazones dañados, similar a cómo un jardinero cultiva plantas para restaurar un jardín devastado por una tormenta.

Sin embargo, este progreso no está exento de desafíos. La investigación microbiológica plantea importantes cuestiones éticas y regulatorias, especialmente en la manipulación genética y el uso de datos sensibles. Es crucial navegar estos desafíos con cuidado, asegurando que la ciencia avance de manera responsable y ética. Piensa en estos desafíos como los guardianes de la puerta del conocimiento, que deben ser convencidos con argumentos éticos sólidos para permitirnos avanzar.

El futuro de la Placa de Petri y la microbiología es prometedor. Esta humilde herramienta continuará siendo fundamental en la investigación, impulsando innovaciones que transformarán nuestra comprensión del mundo microbiano y su impacto en nuestra vida cotidiana. Desde la lucha contra enfermedades infecciosas hasta la exploración de la microbiota y la ingeniería de tejidos, la Placa de Petri seguirá siendo un faro de descubrimiento y avance científico. Al igual que un pequeño cristal puede dispersar la luz en un espectro de colores, la Placa de Petri dispersará el conocimiento en un espectro de aplicaciones que beneficiarán a la humanidad de maneras inimaginables.

3.1 Tendencias emergentes en la tecnología de Placas de Petri

La Placa de Petri, una herramienta esencial en la microbiología, se encuentra en la cúspide de una revolución tecnológica que promete transformar la investigación científica y la medicina. Las tendencias emergentes en su tecnología están impulsando mejoras en los materiales y diseños, permitiendo cultivos más precisos y diversos. Imagina la Placa de Petri como una ventana hacia mundos invisibles, cada vez más clara y amplia, revelando secretos ocultos de microorganismos que antes eran inaccesibles.

La automatización y la robótica están revolucionando el manejo de las Placas de Petri. Piense en los robots como pequeños ayudantes incansables en los laboratorios, capaces de manejar cientos de placas con precisión milimétrica, acelerando procesos que antes tomaban días o semanas. Estos avances no solo incrementan la eficiencia, sino que también minimizan los errores humanos, garantizando resultados más fiables y consistentes.

La inteligencia artificial (IA) y el análisis de datos están integrándose para interpretar los resultados de las Placas de Petri de manera más rápida y precisa. Por ejemplo, imagina un software que pueda analizar automáticamente las colonias microbianas, identificando patrones que el ojo humano podría pasar por alto. Esto es comparable a tener un microscopio con una mente propia, capaz de detectar y aprender de cada nuevo dato, permitiendo descubrimientos revolucionarios en el comportamiento microbiano y en la resistencia a antibióticos.

Nuevos modelos teóricos y conceptuales están emergiendo en microbiología, ofreciendo formas innovadoras de entender los ecosistemas microbianos. Piensa en un ecosistema microbiano como una ciudad bulliciosa, con bacterias, virus y hongos interactuando de maneras complejas. Los nuevos modelos nos permiten mapear estas interacciones con mayor detalle, similar a cómo los mapas de ciudades han evolucionado de simples dibujos a detallados planos interactivos en 3D.

La exploración de la microbiota humana, la vasta comunidad de microorganismos que viven en nuestro cuerpo, es fundamental para nuestra salud. Las Placas de Petri permiten estudiar estos microorganismos, revelando cómo influyen en enfermedades y salud general. Imagina la microbiota como un jardín secreto en tu intestino, donde cada microbio juega un papel crucial en mantener el equilibrio. Las Placas de Petri nos permiten cultivar y estudiar estos microbios, desarrollando terapias que pueden restaurar el equilibrio en caso de enfermedad.

En medicina regenerativa y terapia celular, lasLas Placas de Petri, una herramienta esencial desde su invención a fines del siglo XIX, están experimentando una evolución significativa gracias a los avances tecnológicos. Las tendencias emergentes en su tecnología están transformando su diseño, materiales y aplicaciones, potenciando su uso en investigación y diagnóstico. Aquí exploramos en detalle estas tendencias y su impacto en el campo de la microbiología y la biotecnología.

Mejora de Materiales

Los materiales utilizados en la fabricación de Placas de Petri están siendo optimizados para mejorar su funcionalidad y eficiencia. Tradicionalmente hechas de vidrio y luego de plástico, las Placas de Petri están ahora siendo fabricadas con materiales más avanzados que ofrecen ventajas específicas:

Plásticos Biodegradables: La preocupación por el medio ambiente ha impulsado el desarrollo de Placas de Petri hechas de plásticos biodegradables. Estas placas reducen el impacto ambiental asociado con los residuos de laboratorio y son especialmente importantes en laboratorios de alta rotación que generan grandes cantidades de desechos plásticos.

Materiales Antimicrobianos: Nuevos materiales con propiedades antimicrobianas están siendo utilizados para reducir la contaminación y mejorar la asepsia en los cultivos. Estos materiales ayudan a mantener las muestras libres de contaminantes no deseados, aumentando la precisión de los experimentos.

Superficies Modificadas: Las superficies de las Placas de Petri están siendo modificadas para mejorar la adhesión celular y el crecimiento microbiano. Esto es particularmente útil en cultivos celulares donde la adherencia de las células a la superficie es crucial para el éxito del experimento. Por ejemplo, se están utilizando recubrimientos con proteínas específicas que favorecen la adhesión de células madre para investigaciones en medicina regenerativa.

Innovaciones en Diseño

El diseño de las Placas de Petri también está evolucionando para adaptarse a nuevas necesidades y aplicaciones. Estas innovaciones están mejorando la funcionalidad y la versatilidad de las placas:

Placas de Múltiples Pozos: Las Placas de Petri tradicionales están siendo complementadas con placas de múltiples pozos, que permiten realizar múltiples experimentos simultáneamente en una sola placa. Esto es especialmente útil en estudios de alto rendimiento donde se necesitan realizar muchas pruebas paralelas, como en la investigación farmacéutica para pruebas de drogas.

Microplacas de Alta Densidad: Para investigaciones que requieren un gran número de muestras pequeñas, las microplacas de alta densidad están ganando popularidad. Estas placas permiten realizar miles de experimentos en paralelo, facilitando estudios a gran escala como el cribado de bibliotecas de compuestos químicos en busca de nuevos fármacos.

Placas de Formato Personalizado: Con la ayuda de la impresión 3D, es posible fabricar Placas de Petri con formatos personalizados adaptados a necesidades específicas de investigación. Por ejemplo, placas con microcanales y compartimentos especiales están siendo desarrolladas para estudios de dinámica de fluidos y comportamiento microbiano en entornos simulados.

Tecnología de Monitoreo Incorporada

La integración de tecnologías de monitoreo dentro de las Placas de Petri está revolucionando la forma en que se realizan y analizan los experimentos microbiológicos:

Sensores Integrados: Sensores que pueden medir parámetros como pH, temperatura, y concentración de oxígeno están siendo incorporados directamente en las Placas de Petri. Esto permite monitorear las condiciones del cultivo en tiempo real sin necesidad de interrumpir el experimento. Por ejemplo, sensores de pH integrados pueden ayudar a ajustar las condiciones del medio de cultivo para optimizar el crecimiento celular.

Placas con Iluminación LED: La incorporación de iluminación LED en las Placas de Petri está permitiendo la estimulación óptica de los cultivos, lo que es particularmente útil en estudios de fotobiología y en la optimización de condiciones de cultivo para organismos fotosintéticos. La iluminación controlada puede simular ciclos de día y noche para estudiar los ritmos circadianos en microorganismos.

Placas Conectadas a Internet: Con el avance del Internet de las Cosas (IoT), las Placas de Petri están siendo equipadas con capacidades de conexión a internet, permitiendo la recopilación y análisis de datos de forma remota. Esto facilita la supervisión continua y el análisis de datos en tiempo real, incluso desde ubicaciones remotas, mejorando la eficiencia y la colaboración en investigaciones multicéntricas.

Personalización y Escalabilidad

La capacidad de personalizar y escalar las Placas de Petri para diversas aplicaciones está abriendo nuevas fronteras en la investigación:

Placas Modulares: Las Placas de Petri modulares permiten a los investigadores combinar diferentes módulos en una sola placa, adaptando el entorno de cultivo a sus necesidades específicas. Esta flexibilidad es clave en experimentos complejos que requieren múltiples condiciones experimentales simultáneamente.

Microbiorreactores: Las Placas de Petri están evolucionando hacia microbiorreactores, que permiten el control preciso de las condiciones de cultivo, como la agitación y la aireación, en un formato compacto. Estos dispositivos están revolucionando la bioproducción y la investigación en biotecnología, facilitando la escalabilidad de los procesos biológicos.

Aplicaciones Interdisciplinarias

Las nuevas tecnologías de las Placas de Petri están ampliando sus aplicaciones a campos interdisciplinarios:

Ingeniería de Tejidos: En ingeniería de tejidos, las Placas de Petri con andamiajes tridimensionales están permitiendo el cultivo de tejidos complejos que se asemejan más a los tejidos naturales. Esto es crucial para el desarrollo de órganos artificiales y terapias de regeneración de tejidos.

Ecología Microbiana: Las Placas de Petri están siendo utilizadas en estudios de ecología microbiana para simular y analizar interacciones microbianas en entornos naturales. Por ejemplo, se pueden recrear microhábitats específicos para estudiar cómo diferentes especies microbianas interactúan entre sí y con su entorno.

Estudios de Biofilms: La formación de biofilms, que son comunidades de microorganismos que se adhieren a superficies, está siendo estudiada en Placas de Petri especialmente diseñadas para permitir la visualización y análisis detallado de estas estructuras. Esto tiene aplicaciones importantes en la investigación de infecciones persistentes y la resistencia a antibióticos.

Las tendencias emergentes en la tecnología de Placas de Petri están revolucionando la investigación microbiológica y biotecnológica. Con mejoras en materiales, innovaciones en diseño, integración de tecnología de monitoreo, personalización y escalabilidad, y aplicaciones interdisciplinarias, estas humildes herramientas están listas para abrir nuevas fronteras en la ciencia y la medicina, permitiendo descubrimientos que transformarán nuestra comprensión del universo microbiano y su impacto en la salud y el medio ambiente. Placas de Petri son como pequeños viveros donde las células madre y los tejidos pueden crecer y desarrollarse. Esto abre nuevas posibilidades para el tratamiento de enfermedades y la reparación de tejidos dañados. Por ejemplo, se pueden cultivar células cardíacas para reparar corazones dañados, similar a cómo un jardinero cultiva plantas para restaurar un jardín devastado por una tormenta.

Sin embargo, este progreso no está exento de desafíos. La investigación microbiológica plantea importantes cuestiones éticas y regulatorias, especialmente en la manipulación genética y el uso de datos sensibles. Es crucial navegar estos desafíos con cuidado, asegurando que la ciencia avance de manera responsable y ética. Piensa en estos desafíos como los guardianes de la puerta del conocimiento, que deben ser convencidos con argumentos éticos sólidos para permitirnos avanzar.

El futuro de la Placa de Petri y la microbiología es prometedor. Esta humilde herramienta continuará siendo fundamental en la investigación, impulsando innovaciones que transformarán nuestra comprensión del mundo microbiano y su impacto en nuestra vida cotidiana. Desde la lucha contra enfermedades infecciosas hasta la exploración de la microbiota y la ingeniería de tejidos, la Placa de Petri seguirá siendo un faro de descubrimiento y avance científico. Al igual que un pequeño cristal puede dispersar la luz en un espectro de colores, la Placa de Petri dispersará el conocimiento en un espectro de aplicaciones que beneficiarán a la humanidad de maneras inimaginables.

3.2 Avances en la automatización y robótica aplicada

Los avances en la automatización y la robótica están revolucionando el uso de las Placas de Petri, llevando la investigación microbiológica a niveles de precisión, eficiencia y escalabilidad nunca vistos. La implementación de estos avances está optimizando múltiples aspectos del proceso experimental, desde el manejo de muestras hasta el análisis de datos, facilitando descubrimientos más rápidos y exactos.

Automatización del Manejo de Muestras

La automatización del manejo de muestras es uno de los avances más significativos en el uso de Placas de Petri. Los sistemas automatizados pueden realizar tareas repetitivas con alta precisión y consistencia, reduciendo el riesgo de errores humanos y aumentando la productividad del laboratorio.

Sistemas de Dispensación Automática: Los robots dispensadores automáticos pueden cargar y distribuir medios de cultivo y muestras en las Placas de Petri con gran precisión. Esto es especialmente útil en estudios de alto rendimiento donde se requiere la preparación de cientos o miles de muestras. Por ejemplo, en un cribado farmacológico, un robot puede preparar múltiples diluciones de un compuesto y aplicarlas a diferentes placas, asegurando consistencia y reduciendo el tiempo necesario para la preparación manual.

Transferencia y Manipulación de Placas: Robots especializados pueden transferir y manipular Placas de Petri entre diferentes estaciones de trabajo dentro de un laboratorio automatizado. Estos robots pueden, por ejemplo, mover placas desde una estación de siembra a una incubadora y luego a una estación de análisis, todo sin intervención humana. Esto no solo aumenta la eficiencia sino que también permite el manejo seguro de muestras peligrosas o contaminantes.

Incubación y Monitoreo Automatizados

La automatización de la incubación y el monitoreo de cultivos es otro avance crucial. Estos sistemas pueden mantener condiciones ambientales óptimas y realizar monitoreos continuos, garantizando el crecimiento adecuado de los cultivos y permitiendo intervenciones oportunas si es necesario.

Incubadoras Automatizadas: Las incubadoras automatizadas pueden controlar y ajustar parámetros como temperatura, humedad y concentración de CO_2. Además, estas incubadoras están equipadas con sistemas de monitoreo continuo que registran datos en tiempo real. Por ejemplo, en el estudio de bacterias que requieren condiciones específicas de oxígeno, una incubadora automatizada puede ajustar dinámicamente los niveles de oxígeno para optimizar el crecimiento.

Sistemas de Monitoreo en Tiempo Real: Integrar sensores en las Placas de Petri permite el monitoreo continuo de parámetros críticos, como el pH y la concentración de gases. Estos sistemas pueden alertar automáticamente a los investigadores sobre cualquier desviación de los parámetros establecidos, permitiendo una respuesta rápida y precisa. Por ejemplo, en cultivos de células madre, un sensor de pH puede detectar cambios en el medio de cultivo y ajustar las condiciones para mantener un entorno óptimo para el crecimiento celular.

Análisis y Procesamiento Automatizados

La automatización del análisis y procesamiento de datos provenientes de Placas de Petri está transformando la forma en que se interpretan los resultados experimentales. Los sistemas automatizados pueden analizar grandes volúmenes de datos con mayor rapidez y precisión que los métodos manuales.

Sistemas de Imagen y Análisis Automatizados: Las cámaras de alta resolución y los sistemas de análisis de imágenes automatizados pueden capturar y analizar las colonias microbianas en las Placas de Petri. Estos sistemas utilizan algoritmos avanzados para identificar y contar colonias, medir su tamaño y analizar su morfología. Por ejemplo, en estudios de resistencia a antibióticos, un sistema de análisis automatizado puede evaluar rápidamente la efectividad de diferentes antibióticos al medir el crecimiento bacteriano en presencia de estos compuestos.

Software de Análisis de Datos: El software de análisis de datos está siendo integrado con sistemas automatizados para procesar y interpretar los resultados de los cultivos. Estos programas pueden realizar análisis estadísticos complejos y generar informes detallados, ayudando a los investigadores a comprender mejor los datos obtenidos. Por ejemplo, en un estudio de genética microbiana, el software puede correlacionar patrones de crecimiento con variaciones genéticas, proporcionando insights valiosos sobre la función de genes específicos.

Robots Colaborativos (Cobots)

Los robots colaborativos, o cobots, están diseñados para trabajar junto a los humanos, combinando la precisión de la automatización con la flexibilidad del trabajo manual. Estos cobots están desempeñando un papel cada vez más importante en los laboratorios.

Asistencia en Experimentos Complejos: Los cobots pueden asistir a los investigadores en la realización de experimentos complejos que requieren un alto grado de precisión. Por ejemplo, un cobot puede ayudar a realizar microinyecciones en células individuales, una tarea que requiere una mano extremadamente firme y precisa.

Flexibilidad y Adaptabilidad: A diferencia de los robots tradicionales, que están programados para realizar tareas específicas, los cobots son altamente adaptables y pueden ser reprogramados fácilmente para realizar una variedad de tareas. Esto los hace ideales para entornos de investigación donde las necesidades pueden cambiar rápidamente. Por ejemplo, un cobot puede ser utilizado un día para dispensar medios de cultivo y al siguiente para realizar análisis de imágenes.

Para ilustrar el impacto de estos avances, consideremos un ejemplo práctico en el campo de la investigación de enfermedades infecciosas. En un laboratorio dedicado al estudio de patógenos resistentes a antibióticos, un sistema automatizado puede manejar la preparación de Placas de Petri, la siembra de bacterias, la incubación bajo condiciones controladas, y el análisis de resultados, todo sin intervención humana. Los robots dispensadores preparan diluciones exactas de antibióticos y las aplican a las placas, mientras que las incubadoras automatizadas mantienen las condiciones óptimas para el crecimiento bacteriano. Al finalizar el experimento, un sistema de análisis de imágenes captura y analiza los resultados, identificando las colonias resistentes y generando datos para su posterior análisis. Este nivel de automatización no solo acelera el proceso, sino que también garantiza la consistencia y reproducibilidad de los experimentos, elementos cruciales para la investigación científica.

Los avances en la automatización y la robótica aplicada están transformando el uso de las Placas de Petri en la investigación microbiológica. La automatización del manejo de muestras, la incubación y el monitoreo automatizados, el análisis y procesamiento de datos automatizados, y la integración de robots colaborativos están incrementando la eficiencia, precisión y escalabilidad de los experimentos, abriendo nuevas posibilidades para el descubrimiento científico y la innovación. Estas tecnologías no solo mejoran la capacidad de los investigadores para realizar experimentos más complejos y en mayor escala, sino que también aseguran que los resultados sean más precisos y reproducibles, impulsando el avance del conocimiento en microbiología y biotecnología.

3.3 Integración de inteligencia artificial y análisis de datos

La integración de la inteligencia artificial (IA) y el análisis de datos en la investigación microbiológica está revolucionando el uso de las Placas de Petri. Estos avances están transformando la manera en que se recopilan, procesan y analizan los datos microbiológicos, permitiendo descubrimientos más rápidos, precisos y profundos. La IA y el análisis de datos no solo optimizan la eficiencia del laboratorio, sino que también amplían las fronteras del conocimiento científico.

Automatización del Análisis de Imágenes

Uno de los avances más significativos es la automatización del análisis de imágenes de las Placas de Petri mediante IA. Las colonias microbianas, que antes eran contadas y analizadas manualmente, ahora pueden ser examinadas con una precisión y rapidez sin precedentes.

Reconocimiento de Patrones: Los algoritmos de IA son capaces de reconocer y clasificar colonias microbianas basándose en su morfología, color y tamaño. Por ejemplo, un software de IA puede analizar una Placa de Petri y distinguir entre colonias de diferentes especies bacterianas, algo que puede ser difícil incluso para un experto humano. Esto es particularmente útil en estudios de diversidad microbiana, donde la identificación precisa de especies es crucial.

Cuantificación Automática: La IA puede contar automáticamente el número de colonias presentes en una placa, eliminando el error humano y mejorando la reproducibilidad de los experimentos. En estudios de crecimiento bacteriano, por ejemplo, la IA puede proporcionar datos cuantitativos precisos sobre la tasa de crecimiento y la densidad de colonias, facilitando comparaciones y análisis más robustos.

Análisis Predictivo y Modelado

La capacidad de la IA para realizar análisis predictivos y modelado está transformando la investigación microbiológica. Los modelos predictivos pueden anticipar el comportamiento de los microorganismos bajo diferentes condiciones, permitiendo a los investigadores diseñar experimentos más eficientes y dirigidos.

Modelos de Crecimiento Microbiano: La IA puede desarrollar modelos complejos que predicen el crecimiento de microorganismos en función de diversos parámetros como la temperatura, el pH y la disponibilidad de nutrientes. Estos modelos son invaluables para optimizar las condiciones de cultivo y maximizar la productividad en estudios de biotecnología. Por ejemplo, en la producción de biocombustibles, la IA puede ayudar a identificar las condiciones óptimas para el crecimiento de microorganismos productores de etanol.

Análisis de Sensibilidad a Antibióticos: Utilizando grandes volúmenes de datos históricos, la IA puede predecir cómo diferentes cepas bacterianas responderán a diversos antibióticos. Esto permite un enfoque más dirigido en el desarrollo de nuevos tratamientos antibacterianos y en la lucha contra la resistencia a los antibióticos. Por ejemplo, en un hospital, la IA puede analizar datos de infecciones previas y predecir la probabilidad de resistencia a ciertos antibióticos, guiando así las decisiones terapéuticas.

Big Data y Análisis Omico

La era del big data está proporcionando enormes cantidades de información que la IA puede procesar y analizar para obtener insights profundos. Esto es especialmente relevante en los estudios ómicos, donde la cantidad de datos generados puede ser abrumadora.

Genómica y Metagenómica: En estudios genómicos y metagenómicos, la IA puede analizar secuencias de ADN para identificar genes, descubrir nuevas especies y entender la estructura de comunidades microbianas. Por ejemplo, en la metagenómica de muestras ambientales, la IA puede ensamblar y anotar genomas completos a partir de secuencias fragmentadas, revelando la biodiversidad y las funciones ecológicas de los microorganismos presentes.

Proteómica y Metabolómica: La IA también está desempeñando un papel crucial en la proteómica y la metabolómica, analizando grandes conjuntos de datos para identificar proteínas y metabolitos y comprender sus roles en procesos biológicos. En estudios de enfermedades, por ejemplo, la IA puede identificar biomarcadores proteicos que distinguen entre tejidos sanos y enfermos, facilitando el diagnóstico y el desarrollo de terapias personalizadas.

Optimización de Procesos Experimentales

La IA está optimizando los procesos experimentales en los laboratorios, desde la planificación hasta la ejecución y el análisis.

Diseño de Experimentos: La IA puede ayudar en el diseño de experimentos optimizando los parámetros y reduciendo el número de ensayos necesarios para obtener resultados significativos. Utilizando técnicas como el diseño de experimentos (DOE) y la optimización bayesiana, la IA puede sugerir las condiciones experimentales más prometedoras, ahorrando tiempo y recursos. Por ejemplo, en un estudio de optimización de medios de cultivo, la IA puede identificar las combinaciones de nutrientes que maximizan el crecimiento celular con el menor costo.

Automatización de Flujos de Trabajo: La IA puede coordinar y automatizar flujos de trabajo complejos en el laboratorio, integrando diferentes equipos y procesos. Un sistema de gestión de laboratorio impulsado por IA puede programar automáticamente el uso de equipos, coordinar la preparación de muestras y garantizar que los datos se recopilen y analicen de manera coherente. Esto es particularmente útil en laboratorios de alto rendimiento que manejan grandes volúmenes de muestras.

Para ilustrar estos avances futuros, consideremos un laboratorio que investiga nuevas terapias antibióticas. Utilizando IA, el laboratorio puede analizar rápidamente la eficacia de diferentes compuestos contra cepas bacterianas resistentes. Un sistema automatizado primero siembra las bacterias en Placas de Petri y aplica diversas concentraciones de los compuestos. La IA luego analiza las imágenes de las placas para cuantificar el crecimiento bacteriano y determinar la efectividad de los tratamientos. Con estos datos, un modelo predictivo puede sugerir modificaciones a las estructuras químicas de los compuestos para mejorar su eficacia, acelerando significativamente el proceso de desarrollo de nuevos antibióticos.

Integración de IA en la Vigilancia Epidemiológica

La IA también está revolucionando la vigilancia epidemiológica y el control de enfermedades. Al integrar datos de diversas fuentes, como hospitales, laboratorios y bases de datos públicas, la IA puede identificar brotes de enfermedades en tiempo real y predecir su propagación.

Detección Temprana de Brotes: La IA puede analizar datos de casos de enfermedades y detectar patrones que indican el inicio de un brote, permitiendo una respuesta rápida y efectiva. Por ejemplo, durante una pandemia, la IA puede rastrear la propagación de la enfermedad y ayudar a las autoridades a implementar medidas de contención más efectivas.

Predicción de Propagación de Enfermedades: Utilizando modelos epidemiológicos avanzados, la IA puede predecir cómo se propagará una enfermedad en diferentes escenarios. Esto ayuda a los planificadores de salud pública a preparar recursos y tomar decisiones informadas. En la gestión de una enfermedad infecciosa, por ejemplo, la IA puede predecir los picos de casos y la demanda de camas hospitalarias, facilitando la asignación eficiente de recursos médicos.

La integración de la inteligencia artificial y el análisis de datos en la investigación microbiológica está transformando el uso de las Placas de Petri. Desde el análisis automatizado de imágenes hasta el modelado predictivo y el análisis ómico, la IA está permitiendo avances significativos en la comprensión y el control de los microorganismos. Estos avances no solo mejoran la eficiencia y la precisión de la investigación, sino que también abren nuevas posibilidades para el descubrimiento científico y la innovación en microbiología y biotecnología. La combinación de IA y análisis de datos está llevando a la microbiología a una nueva era de descubrimientos rápidos y profundos, con un impacto potencialmente transformador en la salud y el bienestar humanos.

3.4 Nuevos modelos teóricos y conceptuales en microbiología

La microbiología está evolucionando rápidamente gracias a la introducción de nuevos modelos teóricos y conceptuales que están redefiniendo nuestra comprensión de los microorganismos y sus interacciones con el entorno. En el futuro, la integración de estos modelos con el uso de la Placa de Petri permitirá avances significativos en biotecnología, medicina y ecología. Este proceso de evolución y convergencia tecnológica puede visualizarse en varias fases clave:

Expansión de Modelos de Ecología Microbiana

En un futuro cercano, los modelos de ecología microbiana se aplicarán con mayor precisión para entender las complejas interacciones entre diferentes especies microbianas y su entorno. Por ejemplo, los modelos de redes tróficas microbianas serán fundamentales para manipular microbiomas, mejorando la salud del suelo y aumentando la productividad agrícola. La Placa de Petri permitirá aislar y estudiar las relaciones alimenticias entre diferentes microorganismos, facilitando experimentos que validen estas redes tróficas.

Avances en la Comprensión de Interacciones Microbianas

Con la integración de modelos de competencia y cooperación, los científicos podrán descifrar cómo las bacterias compiten por recursos limitados y desarrollan relaciones simbióticas. La Placa de Petri continuará siendo una herramienta crucial para estudiar estos fenómenos in vitro, proporcionando un ambiente controlado para observar y analizar las interacciones microbianas en detalle.

Evolución Microbiana y Resistencia a Antibióticos

En un futuro próximo, los modelos de evolución adaptativa y de transferencia horizontal de genes (HGT) serán esenciales para entender y predecir la evolución de la resistencia a antibióticos. La Placa de Petri jugará un rol vital en estos estudios, permitiendo a los científicos observar directamente cómo las poblaciones microbianas evolucionan bajo diferentes presiones ambientales, como la exposición a antibióticos.

Optimización Metabólica y Bioenergética

Los modelos de redes metabólicas y de bioenergética mejorarán nuestra comprensión de cómo los microorganismos obtienen y utilizan energía. En laboratorios futuristas, la Placa de Petri se utilizará para experimentar con condiciones de cultivo específicas, optimizando la producción de biocombustibles y otros compuestos de interés biotecnológico.

Modelos Aplicados a la Microbiota Humana

Para la microbiota intestinal humana, los modelos de ecología y evolución microbiana ayudarán a entender cómo la dieta y los antibióticos afectan la composición y función de la microbiota. Con la Placa de Petri, los investigadores podrán cultivar y estudiar microbios intestinales en condiciones controladas, facilitando el desarrollo de probióticos y prebióticos basados en datos precisos y modelados.

La complejidad de los sistemas microbianos requerirá la integración de datos experimentales con modelos teóricos. Este desafío se superará mediante enfoques interdisciplinarios que combinen biología, matemáticas, informática y ingeniería. La Placa de Petri seguirá siendo una herramienta indispensable, facilitando la experimentación y validación de modelos que permiten a los científicos navegar con mayor precisión el vasto universo microbiano.

La microbiología está evolucionando rápidamente gracias a la introducción de nuevos modelos teóricos y conceptuales que están redefiniendo nuestra comprensión de los microorganismos y sus interacciones con el entorno. Estos modelos no solo amplían el conocimiento básico sino que también tienen aplicaciones prácticas en biotecnología, medicina y ecología. Con el uso de la Placa de Petri, estos modelos pueden ser validados y explorados experimentalmente, ofreciendo una herramienta poderosa para avanzar en múltiples áreas del conocimiento microbiológico.

Modelos Evolutivos: Redes Evolutivas

Los Modelos de Transferencia Horizontal de Genes (HGT) explican cómo los genes pueden ser transferidos entre diferentes especies microbianas, acelerando la evolución. En la Placa de Petri, este fenómeno se puede estudiar observando la transferencia de genes de resistencia a antibióticos entre bacterias. Los Modelos de Filogenómica utilizan datos genómicos para construir árboles filogenéticos y comprender las relaciones evolutivas entre microorganismos. La Placa de Petri permite aislar y secuenciar diferentes cepas bacterianas, facilitando la recopilación de datos para estos modelos. Las Redes de Coevolución estudian cómo las interacciones evolutivas entre diferentes especies microbianas y sus huéspedes afectan la evolución, y pueden ser exploradas en la Placa de Petri mediante la co-cultivación de microorganismos y células huésped.

Modelos de Dinámica de Poblaciones

Los Modelos de Competencia y Modelos de Depredador-Presa son fundamentales para entender las dinámicas ecológicas microbianas. Por ejemplo, las interacciones entre bacterias depredadoras y sus presas pueden ser observadas en tiempo real en una Placa de Petri, proporcionando datos valiosos para validar estos modelos.

Modelos Teórico-Matemáticos

Los Modelos de Dinámica de Poblaciones, utilizando Ecuaciones Diferenciales Ordinarias (ODEs) y Ecuaciones en Diferencias, permiten modelar el crecimiento y la interacción de poblaciones microbianas. La Placa de Petri es esencial para realizar experimentos que proporcionen los datos necesarios para alimentar estos modelos. Modelos de Teoría de Juegos, como los juegos evolutivos y los dilemas del prisionero, aplicados a la microbiología, pueden estudiar estrategias evolutivas estables como la cooperación y la competencia. Estos modelos se validan mediante observaciones de comportamiento microbiano en entornos controlados de Placas de Petri.

Modelos de Redes Complejas

El Análisis de Redes de Interacción y las Redes de Co-Ocurrencia estudian las interacciones complejas entre diferentes especies microbianas en una comunidad. La Placa de Petri permite el aislamiento y la observación detallada de estas interacciones en microescala, proporcionando una plataforma ideal para validar estos modelos.

Modelos Ecológicos

Los Modelos de Metacomunidades y Modelos de Ecofisiología exploran la dinámica de poblaciones microbianas distribuidas en diferentes hábitats y su participación en los ciclos biogeoquímicos. Las Placas de Petri, mediante la simulación de diferentes condiciones ambientales, permiten observar cómo las comunidades microbianas responden a cambios en su entorno.

Modelos Metabólicos y Bioenergéticos

Los Modelos de Flux Balance Analysis (FBA) y los Modelos de Bioenergética analizan el comportamiento metabólico y la eficiencia energética de los microorganismos. La Placa de Petri es utilizada para cultivar microorganismos en diferentes condiciones, permitiendo la recopilación de datos experimentales necesarios para estos modelos.

Modelos de Interacciones Microbianas

Los Modelos de Quorum Sensing explican cómo los microorganismos utilizan señales químicas para coordinar actividades grupales, y pueden ser estudiados mediante observaciones de comunicación microbiana en Placas de Petri. Los Modelos de Simbiosis, que describen interacciones mutualistas y parasíticas, también se pueden investigar utilizando co-cultivos en Placas de Petri.

Modelos de Sistemas de Resistencia

Los Modelos de Resistencia a Antibióticos y Modelos de Resistencia en Biofilms son esenciales para entender cómo las bacterias desarrollan y mantienen la resistencia. La Placa de Petri permite estudiar la formación de biofilms y la propagación de genes de resistencia en condiciones controladas.

Modelos de Interacciones Humano-Microbio

Los Modelos de Microbiota Humana y los Modelos de Infección y Patogénesis analizan las interacciones entre microorganismos y el huésped humano. Las Placas de Petri son cruciales para cultivar y estudiar los microbios en condiciones que simulan el ambiente humano, proporcionando datos para estos modelos.

La integración futura de estos modelos teóricos y conceptuales con el uso de la Placa de Petri promete revolucionar nuestra comprensión de los microorganismos. Estos modelos avanzados están proporcionando nuevas formas de entender y predecir el comportamiento de los microorganismos, y están impulsando innovaciones en áreas como la biotecnología, la medicina y la ecología. A medida que estos modelos continúan evolucionando, seguirán desempeñando un papel crucial en la expansión de nuestro conocimiento y en la aplicación práctica de la microbiología. La Placa de Petri seguirá siendo una herramienta indispensable, facilitando la experimentación y validación de modelos que permiten a los científicos navegar con mayor precisión el vasto universo microbiano.

3.5 Exploración de la microbiota humana y su relación con la salud

La Placa de Petri ha sido y sigue siendo una herramienta fundamental en la investigación del microbioma y la exploración de la microbiota humana, especialmente cuando se combina con tecnologías de la "ómica" como la genómica, la metagenómica, la transcriptómica y la proteómica. Estas disciplinas permiten el análisis exhaustivo de los microorganismos presentes en muestras biológicas, incluidas las obtenidas de la microbiota humana, como las heces, la saliva, la piel y otros tejidos.

La exploración del microbioma humano ha revelado una fascinante red de microorganismos que coexisten en nuestro cuerpo, desempeñando roles clave en la salud y la enfermedad. La Placa de Petri se utiliza en esta investigación para cultivar y analizar microorganismos a nivel individual, proporcionando una comprensión detallada de su fisiología, metabolismo y comportamiento. Por ejemplo, los cultivos bacterianos obtenidos de muestras fecales se pueden sembrar en Placas de Petri y luego analizar para identificar y caracterizar las especies presentes, su abundancia relativa y sus capacidades metabólicas.

Además, la combinación de la Placa de Petri con técnicas de secuenciación de próxima generación ha permitido estudiar el microbioma humano de manera integral. La metagenómica, por ejemplo, secuencia el ADN presente en una muestra, lo que permite identificar no solo las bacterias cultivables en la Placa de Petri, sino también microorganismos que no pueden ser cultivados en condiciones de laboratorio. Esto brinda una visión más completa y precisa de la diversidad microbiana presente en el cuerpo humano.

La exploración de la microbiota humana y su relación con la salud ha revelado vínculos importantes entre la composición microbiana y una variedad de condiciones médicas, que van desde enfermedades gastrointestinales como el síndrome del intestino irritable hasta trastornos metabólicos como la obesidad y la diabetes. La Placa de Petri desempeña un papel esencial en esta investigación al permitir el cultivo y análisis de microorganismos específicos asociados con diferentes estados de salud o enfermedad.

Por ejemplo, se pueden utilizar Placas de Petri para aislar y cultivar bacterias específicas que se sospecha que están involucradas en una enfermedad particular. Luego, los estudios de secuenciación pueden ayudar a caracterizar genéticamente estas bacterias y comprender mejor sus funciones y efectos en el cuerpo humano. Esto puede conducir al desarrollo de nuevas terapias dirigidas específicamente a la microbiota, como los probióticos y los prebióticos, que pueden modular la composición microbiana para promover la salud.

La Placa de Petri desempeña un papel central en la investigación del microbioma y la exploración de la microbiota humana al permitir el cultivo, aislamiento y análisis detallado de microorganismos. Cuando se combina con tecnologías de la "ómica", proporciona información invaluable sobre la diversidad microbiana y su impacto en la salud humana. Esto abre nuevas vías para el desarrollo de terapias y tratamientos dirigidos a modular la microbiota con el objetivo de mejorar la salud y prevenir enfermedades.

La Placa de Petri ha sido y sigue siendo una herramienta fundamental en la investigación del microbioma y la exploración de la microbiota humana, especialmente cuando se combina con tecnologías de la "ómica" como la genómica, la metagenómica, la transcriptómica y la proteómica. Estas disciplinas permiten el análisis exhaustivo de los microorganismos presentes en muestras biológicas, incluidas las obtenidas de la microbiota humana, como las heces, la saliva, la piel y otros tejidos.

La exploración del microbioma humano ha revelado una fascinante red de microorganismos que coexisten en nuestro cuerpo, desempeñando roles clave en la salud y la enfermedad. La Placa de Petri se utiliza en esta investigación para cultivar y analizar microorganismos a nivel individual, proporcionando una comprensión detallada de su fisiología, metabolismo y comportamiento. Por ejemplo, los cultivos bacterianos obtenidos de muestras fecales se pueden sembrar en Placas de Petri y luego analizar para identificar y caracterizar las especies presentes, su abundancia relativa y sus capacidades metabólicas.

Además, la combinación de la Placa de Petri con técnicas de secuenciación de próxima generación ha permitido estudiar el microbioma humano de manera integral. La metagenómica, por ejemplo, secuencia el ADN presente en una muestra, lo que permite identificar no solo las bacterias cultivables en la Placa de Petri, sino también microorganismos que no pueden ser cultivados en condiciones de laboratorio. Esto brinda una visión más completa y precisa de la diversidad microbiana presente en el cuerpo humano.

La exploración de la microbiota humana y su relación con la salud ha revelado vínculos importantes entre la composición microbiana y una variedad de condiciones médicas, que van desde enfermedades gastrointestinales como el síndrome del intestino irritable hasta trastornos metabólicos como la obesidad y la diabetes. La Placa de Petri desempeña un papel esencial en esta investigación al permitir el cultivo y análisis de microorganismos específicos asociados con diferentes estados de salud o enfermedad.

Por ejemplo, se pueden utilizar Placas de Petri para aislar y cultivar bacterias específicas que se sospecha que están involucradas en una enfermedad particular. Luego, los estudios de secuenciación pueden ayudar a caracterizar genéticamente estas bacterias y comprender mejor sus funciones y efectos en el cuerpo humano. Esto puede conducir al desarrollo de nuevas terapias dirigidas específicamente a la microbiota, como los probióticos y los prebióticos, que pueden modular la composición microbiana para promover la salud.

La Placa de Petri desempeña un papel central en la investigación del microbioma y la exploración de la microbiota humana al permitir el cultivo, aislamiento y análisis detallado de microorganismos. Cuando se combina con tecnologías de la "ómica", proporciona información invaluable sobre la diversidad microbiana y su impacto en la salud humana. Esto abre nuevas vías para el desarrollo de terapias y tratamientos dirigidos a modular la microbiota con el objetivo de mejorar la salud y prevenir enfermedades.

3.6 Potencial en la medicina regenerativa y terapia celular

La Placa de Petri continúa siendo una herramienta indispensable en la investigación biomédica, especialmente en el contexto de las nuevas tendencias y el potencial en la medicina regenerativa y la terapia celular. Su versatilidad y facilidad de uso la hacen invaluable en la cultura y manipulación de células, así como en la observación de su comportamiento en entornos controlados.

En el ámbito de la medicina regenerativa, la Placa de Petri se utiliza para cultivar y expandir células madre, un paso crucial en la producción de tejidos y órganos para trasplantes. Las células madre pueden cultivarse en placas de Petri junto con factores de crecimiento y otros componentes necesarios para su diferenciación en tipos celulares específicos. Esto permite la generación de tejidos funcionales que pueden ser utilizados para reparar o reemplazar tejidos dañados en pacientes con enfermedades degenerativas, lesiones traumáticas o defectos congénitos.

Además, la Placa de Petri es fundamental en la investigación y desarrollo de terapias celulares, que implican la administración de células vivas para tratar enfermedades. Por ejemplo, en el campo de la inmunoterapia contra el cáncer, las células inmunes pueden ser cultivadas en placas de Petri, modificadas genéticamente para potenciar su capacidad para reconocer y destruir células cancerosas, y luego administradas a pacientes. La Placa de Petri facilita la expansión y manipulación de estas células, así como el monitoreo de su viabilidad y función antes de la administración.

Además, en la terapia celular, la Placa de Petri se utiliza para evaluar la eficacia y seguridad de nuevas terapias celulares en modelos preclínicos. Por ejemplo, las células modificadas genéticamente pueden ser cultivadas en placas de Petri y luego transplantadas en modelos animales para estudiar su efectividad en la regeneración de tejidos o la supresión de enfermedades. Esto permite optimizar las terapias celulares antes de su aplicación en ensayos clínicos en humanos.

La Placa de Petri también es crucial en la investigación de la medicina regenerativa y la terapia celular para comprender mejor los mecanismos subyacentes a la regeneración tisular y la respuesta inmune. Por ejemplo, las células madre cultivadas en placas de Petri pueden ser sometidas a diferentes condiciones de estrés o estímulos para estudiar cómo responden y se diferencian en diferentes tipos celulares. Esto proporciona información valiosa sobre los procesos biológicos involucrados en la regeneración y la reparación de tejidos.

Las nuevas tendencias y el potencial en la medicina regenerativa y la terapia celular al facilitar la cultura, expansión y manipulación de células, así como la investigación de los mecanismos subyacentes a la regeneración tisular y la respuesta inmune. Su uso continuo y combinado con otras tecnologías innovadoras está impulsando avances significativos en el campo de la medicina y la biología regenerativa, con el objetivo final de mejorar la salud y calidad de vida de los pacientes.

3.7 Desafíos éticos y regulatorios en la investigación microbiológica

A medida que avanzamos en la investigación microbiológica con el uso de la Placa de Petri, surgen desafíos éticos que deben abordarse para garantizar que se realice de manera responsable y respetuosa. Estos desafíos éticos son cruciales para mantener un equilibrio entre el progreso científico y el respeto por los valores y derechos humanos. Algunos de los desafíos éticos a futuro en la investigación microbiológica con el uso de la Placa de Petri incluyen:

Manipulación genética: Con el advenimiento de tecnologías como la edición genética, como CRISPR-Cas9, surge la preocupación ética sobre la modificación genética de microorganismos para diversos fines, como la creación de organismos genéticamente modificados (OGM) o la alteración de patógenos para aumentar su virulencia. Es fundamental establecer regulaciones y normativas claras para guiar la investigación en este campo y garantizar que se realice de manera ética y segura.

Bioterrorismo y bioseguridad: El uso indebido de microorganismos con fines maliciosos plantea importantes desafíos éticos en la investigación microbiológica. La Placa de Petri, al ser una herramienta fundamental en el estudio de microorganismos, podría ser utilizada de manera inapropiada para desarrollar armas biológicas o causar daño deliberado.

Por lo tanto, es necesario implementar medidas rigurosas de bioseguridad y promover la conciencia sobre los riesgos asociados con la investigación microbiológica.

Privacidad y consentimiento: En la investigación que involucra muestras biológicas humanas, como el estudio de la microbiota humana, es crucial respetar la privacidad y obtener el consentimiento informado de los participantes. Esto implica garantizar la confidencialidad de la información genética y microbiológica de los individuos, así como obtener su consentimiento para el uso de sus muestras con fines de investigación. La Placa de Petri se utiliza en este contexto para cultivar y analizar microorganismos presentes en muestras biológicas humanas, lo que resalta la importancia de abordar estas cuestiones éticas de manera adecuada.

Equidad y acceso: El acceso equitativo a los beneficios de la investigación microbiológica es otro desafío ético importante. Es fundamental garantizar que los avances científicos y las terapias desarrolladas a partir de la investigación con la Placa de Petri estén disponibles y sean accesibles para todas las personas, independientemente de su origen socioeconómico o geográfico. Esto requiere un enfoque ético en la distribución de recursos y la promoción de la equidad en el acceso a la atención médica.

Impacto ambiental: La investigación microbiológica también puede tener un impacto significativo en el medio ambiente, especialmente en términos de la liberación de microorganismos modificados genéticamente o el uso excesivo de antibióticos que pueden contribuir a la resistencia bacteriana. Es esencial considerar los posibles impactos ambientales de la investigación y tomar medidas para mitigar cualquier efecto negativo en los ecosistemas naturales.

Abordar estos desafíos éticos de manera efectiva requerirá la colaboración entre científicos, reguladores, formuladores de políticas y la sociedad en su conjunto. Es fundamental promover una cultura de responsabilidad ética en la investigación microbiológica y garantizar que se lleve a cabo de manera transparente, respetando los principios éticos fundamentales y protegiendo el bienestar humano y ambiental.

Los desafíos regulatorios en la investigación microbiológica con el uso de la Placa de Petri son diversos y complejos, y abarcan desde la seguridad biológica hasta la protección de la salud humana y el medio ambiente. A continuación, se detallan algunos de estos desafíos:

Biosafety Level (Niveles de bioseguridad): La investigación microbiológica con la Placa de Petri a menudo implica el manejo de microorganismos que pueden representar riesgos para la salud humana y el medio ambiente. Es crucial clasificar adecuadamente los microorganismos en función de su patogenicidad y nivel de riesgo, y aplicar los protocolos de seguridad correspondientes según los niveles de bioseguridad establecidos por las autoridades regulatorias.

Manipulación genética: El uso de técnicas de ingeniería genética, como la modificación genética de microorganismos, plantea desafíos regulatorios en términos de seguridad y ética. Es necesario establecer regulaciones claras que rijan la manipulación genética de microorganismos y garantizar que se cumplan los estándares de bioseguridad y bioética en la investigación.

Control de calidad de los medios de cultivo: Los medios de cultivo utilizados en la Placa de Petri deben cumplir con estándares de calidad rigurosos para garantizar resultados precisos y reproducibles. Los desafíos regulatorios incluyen la estandarización de los componentes de los medios, la detección y prevención de la contaminación microbiana y la verificación de la eficacia de los medios en el crecimiento y la diferenciación de microorganismos.

Resistencia antimicrobiana: El uso excesivo e inadecuado de antibióticos en la investigación microbiológica puede contribuir al desarrollo y la propagación de la resistencia antimicrobiana. Es necesario implementar regulaciones que promuevan el uso responsable de antibióticos en la investigación y fomenten el desarrollo de estrategias alternativas para el control de microorganismos patógenos.

Conservación de muestras biológicas: La conservación adecuada de muestras biológicas utilizadas en la investigación microbiológica es fundamental para garantizar su integridad y utilidad a largo plazo. Los desafíos regulatorios incluyen el establecimiento de protocolos estándar para la recolección, procesamiento, almacenamiento y transporte de muestras biológicas, así como la gestión ética y legal de la información asociada con estas muestras.

Protección del medio ambiente: La investigación microbiológica conlleva el riesgo de liberación accidental de microorganismos modificados genéticamente u otros agentes biológicos que podrían tener impactos negativos en el medio ambiente. Es necesario establecer regulaciones que mitiguen estos riesgos y promuevan prácticas ambientalmente sostenibles en la investigación microbiológica.

Abordar estos desafíos regulatorios requerirá una colaboración estrecha entre investigadores, instituciones académicas, agencias reguladoras gubernamentales y la comunidad científica en su conjunto. Es fundamental desarrollar marcos regulatorios sólidos y flexibles que promuevan la investigación científica de vanguardia mientras se protege la seguridad y el bienestar de la sociedad y el medio ambiente.

3.8 Prospectiva sobre el futuro de la Placa de Petri y la microbiología

En la prospectiva sobre el futuro de la Placa de Petri y la microbiología, se vislumbran avances extraordinarios que podrían transformar radicalmente nuestra comprensión y aplicación de la microbiología. Con el continuo progreso en tecnología y conocimiento científico, se anticipa un panorama fascinante y prometedor:

Bioimpresión de Microorganismos: Se espera que la bioimpresión de microorganismos en las placas de Petri permita la creación de estructuras microbianas tridimensionales con una precisión sin precedentes. Esto revolucionaría campos como la biología sintética y la ingeniería de tejidos, abriendo nuevas posibilidades en la producción de biocombustibles, la fabricación de medicamentos y la regeneración de tejidos.

Nanotecnología Microbiana: La integración de nanotecnología en las placas de Petri podría dar lugar a sensores microbianos ultrasensibles capaces de detectar y responder a cambios ambientales mínimos. Estos sensores podrían tener aplicaciones en la detección temprana de enfermedades, la monitorización ambiental y el control de la calidad de los alimentos.

Computación Microbiana: Se prevé el desarrollo de sistemas de computación basados en microorganismos cultivados en placas de Petri. Estos sistemas podrían aprovechar la capacidad de los microorganismos para procesar información y realizar cálculos de manera eficiente, abriendo nuevas vías en la informática biológica y la inteligencia distribuida.

Síntesis Microbiana Avanzada: Se espera que la ingeniería genética y la síntesis de ADN permitan la creación de microorganismos diseñados específicamente para realizar tareas complejas, como la síntesis de compuestos químicos o la degradación de contaminantes ambientales. Estos avances podrían revolucionar la industria, la agricultura y la biotecnología ambiental.

Exploración Microbiana Espacial: Con el aumento de la exploración espacial, se anticipa que las placas de Petri se utilicen como herramientas fundamentales para investigar la presencia y la actividad de microorganismos en otros planetas y cuerpos celestes. Esto podría proporcionar información crucial sobre el origen de la vida y las posibilidades de habitabilidad en el universo.

Terapia Microbiana Personalizada: Se prevé que los avances en secuenciación genómica y análisis de datos conduzcan al desarrollo de terapias microbianas personalizadas basadas en el microbioma de cada individuo. Estas terapias podrían utilizarse para tratar una amplia gama de enfermedades, desde trastornos metabólicos hasta enfermedades autoinmunes y cáncer.

Simulación Microbiana Predictiva: La integración de modelos computacionales avanzados con datos experimentales de placas de Petri podría permitir la simulación precisa y predictiva de comunidades microbianas complejas. Esto facilitaría la comprensión de la dinámica microbiana en diversos entornos y el diseño de intervenciones terapéuticas y ambientales más efectivas.

Inteligencia Artificial para Análisis Microbiano: Se espera que los algoritmos de inteligencia artificial entrenados con grandes conjuntos de datos microbiológicos mejoren significativamente la capacidad de análisis y predicción de fenómenos microbianos en las placas de Petri. Esto aceleraría el descubrimiento de nuevos fármacos, la ingeniería de microbiomas y la comprensión de la biodiversidad microbiana.

Microchips de cultivo microbiano: Se espera que los microchips de cultivo microbiano, que integran múltiples cámaras de cultivo en un sustrato de silicio, reemplacen las placas de Petri convencionales. Estos dispositivos permitirán el análisis paralelo de miles de muestras microbianas con mayor precisión y eficiencia.

Sistemas de cultivo 3D: Los sistemas de cultivo tridimensionales, que imitan mejor la arquitectura celular natural, permitirán el cultivo de microorganismos en entornos más realistas, lo que facilitará la investigación de interacciones microbianas complejas y el desarrollo de terapias regenerativas avanzadas.

Bioprinting microbiano: La tecnología de bioprinting permitirá la impresión tridimensional de estructuras microbianas complejas, lo que abrirá nuevas posibilidades en la ingeniería de tejidos microbianos y la producción de bioproductos personalizados.

Sensores integrados: Se espera que las placas de Petri del futuro estén equipadas con sensores integrados que monitoreen continuamente variables clave como pH, temperatura, oxígeno y concentraciones de nutrientes, proporcionando datos en tiempo real sobre el crecimiento y la actividad microbiana.

Análisis omics integrado: La integración de múltiples técnicas omics, como genómica, proteómica, metabolómica y metagenómica, en el análisis de muestras microbianas permitirá una comprensión más completa de la diversidad y la función microbiana en diversos entornos.

Modelado predictivo basado en IA: El modelado predictivo basado en inteligencia artificial y aprendizaje automático permitirá predecir con precisión la dinámica de las comunidades microbianas en respuesta a cambios ambientales, lo que facilitará la ingeniería de microbiomas personalizados y la optimización de procesos biotecnológicos.

Nanotecnología aplicada: La nanotecnología aplicada a las placas de Petri permitirá la construcción de nanomateriales funcionales que interactúen específicamente con microorganismos, lo que facilitará la detección, el diagnóstico y el tratamiento de enfermedades infecciosas.

Criptografía cuántica para seguridad de datos: En un futuro cercano, la criptografía cuántica se aplicará a la seguridad de datos microbiológicos para garantizar la integridad y la confidencialidad de la información generada a partir de experimentos en placas de Petri, especialmente en el contexto de la bioseguridad y la bioseguridad.

Nanobots microbianos programables: Se desarrollarán nanobots microbianos programables capaces de manipular células individuales en las placas de Petri. Estos nanobots podrán realizar tareas específicas, como la entrega dirigida de fármacos o la modificación genética precisa de microorganismos.

Biorreactores microfluídicos en miniatura: Los biorreactores microfluídicos en miniatura integrados en las placas de Petri permitirán la simulación de microambientes complejos y la monitorización en tiempo real de las interacciones microbianas a una escala sin precedentes.

Realidad aumentada para visualización microbiológica: Se desarrollarán sistemas de realidad aumentada que permitan a los investigadores visualizar y manipular muestras microbianas en las placas de Petri de manera tridimensional y colaborativa, mejorando la comprensión y la comunicación científica.

Edición genética en tiempo real: Se implementará la edición genética en tiempo real dentro de las placas de Petri, permitiendo la modificación precisa de los genomas microbianos mientras se observa su respuesta en tiempo real, lo que revolucionará la ingeniería genética y la biología sintética.

Cultivo de microorganismos extraterrestres: Se adaptarán las placas de Petri para el cultivo de microorganismos en entornos simulados extraterrestres, lo que permitirá la investigación de la microbiología espacial y la búsqueda de vida en otros planetas.

Bioimpresión de órganos microbianos: Mediante técnicas de bioimpresión avanzadas, se podrán imprimir órganos microbianos completos en las placas de Petri, que podrían usarse para estudiar la interacción entre microorganismos y tejidos humanos en un entorno controlado.

Interfaz cerebro-microbio: Se desarrollarán interfaces cerebro-microbio que permitirán la comunicación bidireccional entre el cerebro humano y comunidades microbianas en las placas de Petri, lo que podría tener aplicaciones en neurociencia y medicina regenerativa.

Teletransporte cuántico de muestras: Se explorarán tecnologías de teletransporte cuántico para transferir muestras microbianas instantáneamente entre placas de Petri ubicadas en diferentes partes del mundo, facilitando la colaboración científica a escala global.

Estos avances representan una visión futurista de cómo la Placa de Petri y la microbiología podrían evolucionar en un futuro lejano, impulsando la investigación científica hacia nuevas fronteras de descubrimiento y comprensión del mundo microbiano.

Referencias Bibliográficas

1.   Petri JR. Eine Kleine Modification Des Koch'Schen Plattenverfahrens (English Translation, Braus, 2020) (Internet). 1887 (citado 21 de marzo de 2024). Disponible en: http://archive.org/details/1887-petri-eine-kleine-modification-des-koch-schen-plattenverfahrens-2020-braus-

2.   Rish. The Biomedical Scientist. 2017 (citado 22 de marzo de 2024). The big story: the petri dish. Disponible en: https://thebiomedicalscientist.net/science/big-story-petri-dish

3.   Cantón R, Loza E, Romero J. (Applicability of new diagnostic techniques in microbiology; technological innovation). Rev Espanola Quimioter Publicacion Of Soc Espanola Quimioter. septiembre de 2015;28 Suppl 1:5-7.

4.   Shama G. The "Petri" Dish: A Case of Simultaneous Invention in Bacteriology. Endeavour. marzo de 2019;43(1-2):11-6.

5.   Sánchez-Lera RM, Pérez-Vázquez IA. Pasteur y Koch: los padres de la microbiología. 16 Abril. 2022;61(283):1-7.

6.   Mahajan M. Etymologia: Petri Dish. Emerg Infect Dis. enero de 2021;27(1):261.

7.   da Silva JAT. The Misrepresentation of Petri Dish, as "petri" Dish, in the Scientific Literature. Stud Hist Sci. 2023;(22):611-26.

8.   Julius Richard Petri (1852-1921) (Internet). (citado 22 de marzo de 2024). Disponible en: https://www.historiadelamedicina.org/petri.html

9.   Sauka DH. Julius Richard Petri: El creador de las placas que usamos todos los días. abril de 2011 (citado 22 de marzo de 2024); Disponible en: https://ri.conicet.gov.ar/handle/11336/192126

10.   Koch R. Zur Untersuchung von pathogenen Organismen. Norddeutschen Buchdruckerei und Verlagsanstalt; 1881. 82 p.

11.   Cornil V, Babeş V. Les bactéries et leur role dans l'anatomie et l'histologie pathologiques des maladies infectieuses. Germer Bailliere et cie.; 1886. 964 p.

12.   Worboys M. Robert Koch: a life in medicine and bacteriology. Med Hist. julio de 1990;34(3):347-8.

13.   Dehnhardt WL. Una historia personal de las bacterias (Internet). RIL editores; 2007 (citado 12 de abril de 2024).

14.   Friedman M, Friedland GW. Medicine's 10 greatest discoveries (Internet). Yale University Press; 1998 (citado 12 de abril de 2024).

15.   Furones MD. Sampling for antimicrobial sensitivity testing: a practical consideration. Aquaculture. 15 de mayo de 2001;196(3):303-9.

16.   van Belkum A, Burnham CAD, Rossen JWA, Mallard F, Rochas O, Dunne WM. Innovative and rapid antimicrobial susceptibility testing systems. Nat Rev Microbiol. mayo de 2020;18(5):299-311.

17.   Atlas RM. Handbook of media for environmental microbiology (Internet). CRC press; 2005 (citado 12 de abril de 2024). Disponible en: https://www.taylorfrancis.com/books/mono/10.1201/9781420037487/handbook-media-environmental-microbiology-ronald-atlas

18.   Adams MR, Moss MO. Food microbiology (Internet). Royal society of chemistry; 2000 (citado 12 de abril de 2024).

19.   Gilmore BF, Denyer SP. Hugo and Russell's pharmaceutical microbiology (Internet). John Wiley & Sons; 2023 (citado 12 de abril de 2024).

20.   Grote M. Petri dish versus Winogradsky column: a longue durée perspective on purity and diversity in microbiology, 1880s–1980s. Hist Philos Life Sci. 29 de noviembre de 2017;40(1):11.

21.   Historia de la placa de Petri – PHOENIX BIOMEDICAL PRODUCTS (Internet). (citado 14 de abril de 2024). Disponible en: https://phoenix-biomed.com/history-of-the-petri-dish/

22.   Mangiarotti A, Caretta G, Nelli E, Piontelli E. Biodeterioro de materiales plásticos por microhongos. Bol Micológico. 1 de enero de 1994;9:39-47.

23.   Sneath PHA, Stevens M. A Divided Petri Dish for Use with Multipoint Inoculators. J Appl Bacteriol. 1967;30(3):495-7.

24.   Ingham CJ, van den Ende M, Pijnenburg D, Wever PC, Schneeberger PM. Growth and multiplexed analysis of microorganisms on a subdivided, highly porous, inorganic chip manufactured from anopore. Appl Environ Microbiol. diciembre de 2005;71(12):8978-81.

25.   Cooper WG. A Modified Plastic Petri Dish for Cell and Tissue Cultures. Proc Soc Exp Biol Med. 1 de abril de 1961;106(4):801-3.

26.   Bolaffi A, Litsky W. STUDIES ON THE USE OF PLASTIC PETRI DISHES FOR THE CULTIVATION OF BACTERIA1. J Food Prot. 1 de marzo de 1959;22(3):67-70.

27.   Reeder JC, Shakespeare AP, Bryan C, Keaney MG, Ganguli LA. Comparison of three-compartment Petri dishes and individual plates for routine culture of vaginal swabs. J Clin Pathol. noviembre de 1990;43(11):947-9.

28.   Sridhar A, de Boer HL, van den Berg A, Le Gac S. Microstamped Petri dishes for scanning electrochemical microscopy analysis of arrays of microtissues. PloS One. 2014;9(4):e93618.

29.   Lovelace TE, Colwell RR. A multipoint inoculator for petri dishes. Appl Microbiol. junio de 1968;16(6):944-5.

30.   Tiam Kapen P, Fotsing Kwetche PR, Youssoufa M, Kayo Mbomda WC, Ketchogue RM, Ganwo Dongmo S. An automatic multipoint inoculator for the determination of minimum inhibitory concentrations (MICs) of antibiotics in low-income countries: a technical note. Australas Phys Eng Sci Med. diciembre de 2019;42(4):905-12.

31.   Uber DC, Jaklevic JM, Theil EH, Lishanskaya A, McNeely MR. Application of robotics and image processing to automated colony picking and arraying. BioTechniques. noviembre de 1991;11(5):642-7.

32.   Cooper JM. Towards electronic Petri dishes and picolitre-scale single-cell technologies. Trends Biotechnol. junio de 1999;17(6):226-30.

33.   Antonios K, Croxatto A, Culbreath K. Current State of Laboratory Automation in Clinical Microbiology Laboratory. Clin Chem. 1 de enero de 2022;68(1):99-114.

34.   Burckhardt I. Laboratory Automation in Clinical Microbiology. Bioengineering. diciembre de 2018;5(4):102.

35.   Croxatto A, Prod'hom G, Faverjon F, Rochais Y, Greub G. Laboratory automation in clinical bacteriology: what system to choose? Clin Microbiol Infect. 1 de marzo de 2016;22(3):217-35.

36.   Bourbeau PP, Ledeboer NA. Automation in Clinical Microbiology. J Clin Microbiol. 21 de diciembre de 2020;51(6):1658-65.

37.   Novak SM, Marlowe EM. Automation in the clinical microbiology laboratory. Clin Lab Med. septiembre de 2013;33(3):567-88.

38.   Jacot D, Sarton-Lohéac G, Coste AT, Bertelli C, Greub G, Prod'hom G, et al. Performance evaluation of the Becton Dickinson KiestraTM IdentifA/SusceptA. Clin Microbiol Infect. 1 de agosto de 2021;27(8):1167.e9-1167.e17.

39.   Gao J, Chen Q, Peng Y, Jiang N, Shi Y, Ying C. Copan Walk Away Specimen Processor (WASP) Automated System for Pathogen Detection in Female Reproductive Tract Specimens. Front Cell Infect Microbiol (Internet). 17 de noviembre de 2021 (citado 7 de abril de 2024);11. Disponible en: https://www.frontiersin.org/articles/10.3389/fcimb.2021.770367

40.   Croxatto A, Dijkstra K, Prod'hom G, Greub G. Comparison of Inoculation with the InoqulA and WASP Automated Systems with Manual Inoculation. J Clin Microbiol. julio de 2015;53(7):2298-307.

41.   Baker J, Timm K, Faron M, Ledeboer N, Culbreath K. Digital Image Analysis for the Detection of Group B Streptococcus from ChromID Strepto B Medium Using PhenoMatrix Algorithms. J Clin Microbiol. 17 de diciembre de 2020;59(1):e01902-19.

42.   Jones D, Cundell T. Method Verification Requirements for an Advanced Imaging System for Microbial Plate Count Enumeration. PDA J Pharm Sci Technol. 1 de marzo de 2018;72(2):199-212.

43.   Strauss S, Bourbeau PP. Impact of introduction of the BD Kiestra InoqulA on urine culture results in a hospital clinical microbiology laboratory. J Clin Microbiol. mayo de 2015;53(5):1736-40.

44.   Graham M, Tilson L, Streitberg R, Hamblin J, Korman TM. Improved standardization and potential for shortened time to results with BD KiestraTM total laboratory automation of early urine cultures: A prospective comparison with manual processing. Diagn Microbiol Infect Dis. septiembre de 2016;86(1):1-4.

45.   Cherkaoui A, Renzi G, Martischang R, Harbarth S, Vuilleumier N, Schrenzel J. Impact of Total Laboratory Automation on Turnaround Times for Urine Cultures and Screening Specimens for MRSA, ESBL, and VRE Carriage: Retrospective Comparison With Manual Workflow. Front Cell Infect Microbiol. 2020;10:552122.

46.   Kempner ME, Felder RA. A Review of Cell Culture Automation. JALA J Assoc Lab Autom. 1 de abril de 2002;7(2):56-62.

47.   Lin E, Liu E, Pan M, Reyes K. Automated Petri Dish Filler Machine. abril de 2023 (citado 14 de abril de 2024); Disponible en: http://deepblue.lib.umich.edu/handle/2027.42/177464

48.   Marotz J, Lübbert C, Eisenbeiß W. Effective object recognition for automated counting of colonies in Petri dishes (automated colony counting)1. Comput Methods Programs Biomed. 1 de septiembre de 2001;66(2):183-98.

49.   Faiña A, Nejati B, Stoy K. EvoBot: An Open-Source, Modular, Liquid Handling Robot for Scientific Experiments. Appl Sci. enero de 2020;10(3):814.

50.   Wu Z, Xu Q, Ai N, Ge W. Design of a Novel Magnetically Actuated Biaxial Robot With Compact Structure and Easy Operation. IEEE Robot Autom Lett. junio de 2023;8(6):3884-91.

51.   Lange O, Erhard M, Teutsch C, Sander J. MIROB: automatic rapid identification of micro-organisms in high through-put. Troccaz J, editor. Ind Robot Int J. 1 de enero de 2008;35(4):311-5.

52.   Naugler C, Church DL. Automation and artificial intelligence in the clinical laboratory. Crit Rev Clin Lab Sci. 17 de febrero de 2019;56(2):98-110.

53.   Smith KP, Kirby JE. Image analysis and artificial intelligence in infectious disease diagnostics. Clin Microbiol Infect. 1 de octubre de 2020;26(10):1318-23.

54.   Ingham CJ, Sprenkels A, Bomer J, Molenaar D, van den Berg A, van Hylckama Vlieg JET, et al. The micro-Petri dish, a million-well growth chip for the culture and high-throughput screening of microorganisms. Proc Natl Acad Sci U S A. 13 de noviembre de 2007;104(46):18217-22.

55.   Forbes BA. Diagnóstico microbiológico (Internet). Ed. Médica Panamericana; 2009 (citado 12 de abril de 2024).

56.   Tian Z, Wang Z, Zhang P, Naquin TD, Mai J, Wu Y, et al. Generating multifunctional acoustic tweezers in Petri dishes for contactless, precise manipulation of bioparticles. Sci Adv. 11 de septiembre de 2020;6(37):eabb0494.

57.   Lahoz-Beltrá R. Bioinformática: Simulación, vida artificial e inteligencia artificial (Internet). Ediciones Díaz de Santos; 2004 (citado 12 de abril de 2024).

58.   Hernández M, Quijada NM, Rodríguez-Lázaro D, Eiros JM. Aplicación de la secuenciación masiva y la bioinformática al diagnóstico microbiológico clínico. Rev Argent Microbiol. 2020;52(2):150-61.

Printed by Books on Demand GmbH, Norderstedt / Germany